T0381315

# Einstieg ins Schreiben für Architekt:innen, Designer:innen und Ingenieur:innen

Martina Swoboda

# Einstieg ins Schreiben für Architekt:innen, Designer:innen und Ingenieur:innen

Marketing – Social Media – Fachartikel

 Springer Vieweg

Martina Swoboda
Oberasbach, Deutschland

ISBN 978-3-658-46181-2        ISBN 978-3-658-46182-9   (eBook)
https://doi.org/10.1007/978-3-658-46182-9

Die Deutsche Nationalbibliothek verzeichnet diese Publikation in der Deutschen Nationalbibliografie; detaillierte
bibliografische Daten sind im Internet über https://portal.dnb.de abrufbar.

Planung/Lektorat: Karina Danulat
Springer Vieweg ist ein Imprint der eingetragenen Gesellschaft Springer Fachmedien Wiesbaden GmbH und ist
ein Teil von Springer Nature.
Die Anschrift der Gesellschaft ist: Abraham-Lincoln-Str. 46, 65189 Wiesbaden, Germany

Wenn Sie dieses Produkt entsorgen, geben Sie das Papier bitte zum Recycling.

# Vorwort

Warum sollten Designer:innen, Architekt:innen und Ingenieur:innen schreibend für sich werben? Die Antwort auf diese Frage finden sie in diesem Buch! Als ich anfing, meinen Blog zu schreiben, hat dies damals Verwunderung hervorgerufen. Ich wurde gefragt, was es bringen soll, warum es sinnvoll ist. Damals hatte ich das Gefühl, dass ich meine eigene Plattform benötige, um meine Ideen und Gedanken festzuhalten und zu teilen. Eine Plattform, die nur mir gehört und unabhängig von meinem Arbeitgeber ist. Heute bin ich sehr froh darüber, damals die ersten Schritte des Schreibens mit meinem Blog gemacht zu haben. Er war für mich der Einstieg. Hier lernte ich zu schreiben, meinen Stil zu finden und das Selbstbewusstsein aufzubauen, meine Texte mit einem Publikum zu teilen. Wenn Sie wie ich damals neu sind im Autorenland, dann sind sie hier genau richtig. Mein Buch bietet Ihnen zum Einstieg ins Schreiben einen roten Faden. Sind Sie bereits eine erfahrene Autor*in? Auch dann werden sie in diesem Buch Interessantes finden. Besonders wenn Sie sich noch nicht mit Ihrer neuen „Assistentin" der Künstlichen Intelligenz (KI) auseinandergesetzt haben. Das Buch ist bewusst mit vielen Beispielen konzipiert, sodass sie einen Eindruck bekommen, wie Texte aussehen sollen und können oder was aktuell im Bereich der KI möglich ist. Ich wünsche Ihnen gutes Gelingen und viel Erfolg bei Ihren Schreibprojekten.

Mai 2024                                                                                  Martina Swoboda

# Inhaltsverzeichnis

# Über die Autorin

 **Martina Swoboda** ist eine erfahrene Dozentin mit umfangreichen Fachkenntnissen in den Bereichen wissenschaftliches Arbeiten, Projektmanagement, Bauprojektmanagement, New Work und der Betreuung von Abschlussarbeiten. Sie ist eingetragene Architektin, promoviert und lehrt an verschiedenen Hochschulen. Mit mehr als 16 Jahren Berufserfahrung in der Architektur und in Führungspositionen verknüpft sie erfolgreich theoretisches Wissen mit praktischen Erfahrungen. Darüber hinaus ist sie als Autorin und Beraterin an Hochschulen aktiv, wo sie beim Aufbau neuer Studiengänge, Themenwelten und Schreibzentren unterstützt.

# Marketing durch (wissenschaftliches) Schreiben

## 1.1 Ihr Nutzen – Warum Schreiben in der heutigen Zeit wichtig ist

Als Architekt:in, Designer:in oder Ingenieur:in ist es in der heutigen Zeit wichtig, zu schreiben, um Ihre Ideen und Konzepte klar und präzise zu kommunizieren. Durch das Schreiben können Sie Ihre Gedanken strukturieren, komplexe Informationen vermitteln und potenzielle Kunden oder Auftraggeber überzeugen (Abb. 1.1).

Darüber hinaus ermöglicht es Ihnen, Ihre Arbeit einem breiteren Publikum zugänglich zu machen und Ihre Expertise in Ihrem Fachgebiet zu demonstrieren. Indem Sie regelmäßig schreiben, können Sie auch Ihre kreativen Fähigkeiten weiterentwickeln und neue Inspirationen für zukünftige Projekte gewinnen.

Schreiben als Architekt und Designer hilft Ihnen dabei, sich von der Konkurrenz abzuheben, Ihr professionelles Image zu stärken und langfristige Beziehungen mit Kunden aufzubauen. Es ist ein unverzichtbares Werkzeug, um erfolgreich in der heutigen schnelllebigen und wettbewerbsintensiven Branche zu bestehen.

Das Verfassen von Texten erfordert, dass Sie das Wissen Ihrer Disziplin eigenständig reflektieren und in Ihren eigenen Worten wiedergeben. Es geht nicht nur darum, Fakten zu formulieren, sondern um die aktive Auseinandersetzung mit Informationen, Ideen, Meinungen und Erfahrungen im Fachbereich. Mit jedem geschriebenen Werk vertiefen Sie Ihr Expertenwissen zu einem spezifischen Thema und erschließen die Strukturen des Wissens in Ihrer Disziplin besser. Bitte bedenken Sie dabei, dass Schreiben Ihnen nicht bei Verständnisproblemen hilft; vielmehr ermöglicht es Ihnen selbstkritisch Ihre Annahmen zu überprüfen. Die Vermittlung von Wissen, kritisches Hinterfragen von Informationen sowie das Entwickeln eines eigenen Standpunkts sind eng miteinander verbunden [1].

© Der/die Autor(en), exklusiv lizenziert an Springer Fachmedien Wiesbaden GmbH, ein Teil von Springer Nature 2025
M. Swoboda, *Einstieg ins Schreiben für Architekt:innen, Designer:innen und Ingenieur:innen*, https://doi.org/10.1007/978-3-658-46182-9_1

**Abb. 1.1** Marketing durch Schreiben für Designer:innen, Architekt:innen und Ingenieur:innen –
Interpretation von Musavir.ai

## 1.2    Selbst-PR für Architekt:innen, Designer:innen und Ingenieur:innen

Dank der sozialen Medien und Co ist es heutzutage möglich, uns und unser Geschäft
über verschiedene Kanäle ins Gespräch zu bringen – alles bequem in unserer Hand- oder
Jackentasche. Jeder von uns kann mit dem Smartphone, Tablet oder Notebook eigene
Videos, Beiträge und Podcasts produzieren. Wir können durch einen Blog präsent sein, im
Netz auffindbar werden und mit Journalisten, Kunden, Partnern und Fans kommunizieren.
Dafür benötigen wir nur etwas PR-Wissen, eine Portion Mut sowie Zeit – aber nicht mehr
das große PR-Budget von früher [2].

Karrieren werden heutzutage durch Sichtbarkeit geformt. Wer aktiv Themen vorantreibt und „laut" arbeitet, hat bessere Jobchancen. Working out Loud von John Stepper
mag dem oder der ein oder anderen bereits bekannt sein. Working out Loud auch WOL
genannt ist ein Programm, das über 12 Wochen läuft. Das Ziel besteht darin, dass
Mitarbeiter durch transparente und offene Zusammenarbeit gesteckte Ziele erreichen können und wertvolle Beziehungen knüpfen. Dies online wie offline. Zudem bietet WOL
einen guten Einstiegt ins Netzwerken, ins Schreiben erster kleiner Beiträge und lässt die
Teilnehmer erste Erfahrungen ins Sachen Sichtbarkeit machen. Mehr dazu in Abschn. 1.3.

Warum ist persönliche Öffentlichkeitsarbeit heute so wichtig für Selbstständige?

Sind Sie Architekt:in, Designer:in oder Ingenieur:in? Das Aufbauen und Gedeihen eines Geschäfts gestaltet sich heutzutage in den meisten Fällen nicht immer einfach. Wer es schafft, charmant auf verschiedenen Kanälen zu unterhalten und zu informieren, gewinnt leichter die Sympathien der Kunden, die Wettbewerbsvorteile mit sich bringen [2].

Um erfolgreich sein zu können, steht man/stehen Sie vor folgenden Herausforderungen bei der Kundengewinnung [2]:

1. Die Aufmerksamkeit jener gewinnen, die bei Ihnen einkaufen, ihre Dienstleistungen nutzen, Ssie weiterempfehlen oder Personal- oder Einkaufsentscheidungen treffen.
2. Vertrauen aufbauen: Es gilt Vertrauen bei Ihren Zielgruppen aufzubauen – damit Sie als bester Lieferant oder Dienstleister wahrgenommen werden und schnell wiedererkannt sowie von Kunden bevorzugt werden.
3. Kontinuität bewahren: Das Gewinnen von Aufmerksamkeit und Vertrauen erfordert eine kontinuierliche Anstrengung – denn der Kundenstrom soll nicht abreißen und durch Empfehlungen den Kundenkreis erweitern.
4. Vielfältige Zielgruppen ansprechen: Wer Erfolg haben will, benötigt nicht nur das Vertrauen und die Aufmerksamkeit von Kunden; vielleicht suchen Sie Mitarbeiter mit spezifischen Qualifikationen an ihren Standorten und wollen diese langfristig binden? Oder Sie möchten Geschäftspartner sowie Banken davon überzeugen, ein verlässlicher Partner für die Zukunft zu sein?

Tun Sie Gutes und reden Sie drüber!

Der Aufbau von Vertrauen sowie Aufmerksamkeit kann erreicht werden, indem man sich seinen Zielgruppen zeigt – wenn man über sich selbst informiert. Denn Information schafft Transparenz darüber, was eine Person bzw. ein Unternehmen für seine Kunden tut sowie warum beziehungsweise wie dies geschieht. Diese klassischen Kanäle können Sie für Marketing-, PR-, Selbst-PR nutzen [2]:

- Werbung in Printmedien wie Tageszeitungen, Anzeigenblättern, Fachmedien bis hin zu Plakatwänden im Kino Hörfunk beziehungsweise Fernsehen
- Natürlich ihre Website
- Broschüren, Flyer, Mailings und Kataloge
- Teilnahme an Veranstaltungen und Messen
- Halten von Vorträgen
- Networking in Clubs oder Gewerbeverbänden
- Die Veröffentlichung von Büchern
- Kooperationen
- Schreiben eines Blogs
- Ein E-Mail Newsletter

- Business-Netzwerke wie LinkedIn und Xing
- Online Marketing
- Publikationen in Fachzeitschriften
- Forschungstätigkeit

Wenn Sie über die Investition in Ihre Selbstvermarktung nachdenken, betrachten Sie auch die Aufwendungen für die Gewinnung neuer Kunden. Es ist wichtig zu analysieren, woher Ihre Kunden kommen: Durch Empfehlungen, Werbung in lokalen Zeitungsanzeigen, Social Media-Aktionen, Blogs oder Suchmaschinen, Mailings, den Besuch im Unternehmen vor Ort, zufällig entdeckt werden oder durch eine einzigartige Positionierung am Markt wie beispielsweise als einziger Anbieter in Ihrer Nische. Darüber hinaus können Kunden über Messen und Events gewonnen werden oder einfach aufgrund von Stammkunden [2].

Haben Sie sich schon einmal gefragt, wie viel es kostet, einen neuen Kunden zu akquirieren? Die Kosten variieren von null Euro bei Mundpropaganda bis hin zu 30 % des Umsatzes bei Provisionsmodellen. Nur wenigen ist bewusst, welche wichtige Rolle PR bei der Neukundengewinnung spielt: Sie ebnet dem Vertrieb den Weg zum Kunden!

Stellen Sie sich selbst folgende Frage: Können sie es sich leisten, nicht sichtbar zu sein? Und dann berechnen Sie Folgendes: Wie groß muss Ihr Kundenkreis sein, um sicherzustellen, dass der Strom an Neukunden niemals abreißt? Wie viele Kunden müssen monatlich an Ihre Tür klopfen – brauchen Sie nur einen einzelnen neuen Kunden pro Monat oder doch eher 50 oder gar 1000 Überzeugte? [2].

Sie mögen sich vielleicht fragen: Kann ich das? Über Jahre hinweg? Kann ich schreiben? Geschichten erzählen? Bilder kreieren? Kann ich Themen finden, die andere Menschen interessieren? Wenn Sie wirklich in Ihrer Branche bekannt und als anerkannter Experte gelten möchten, ist alles möglich. Der Zeitpunkt ist gekommen, wenn jemand bereits ist [2]:

- Seine individuelle Perspektive und sein Fachwissen nicht länger zu verbergen und es der Welt mitzuteilen.
- Den Mut zum Austausch und Dialog zu haben.
- Großzügigkeit zu zeigen, zu teilen, zu geben und Andere zu unterstützen.
- Verbindungen einzugehen und zu pflegen, um gemeinsam mit anderen etwas zu erreichen.
- Den Weg gehen zu wollen, Fehler machen zu dürfen; weiter zu machen; kontinuierlich am Erfolg seines Unternehmens oder seiner Idee zu arbeiten.
- Persönliche Aspekte zeigen zu wollen – was persönlich ist; was privat bleibt; was authentisch ist
- Die Zeit aufzubringen und zu investieren,
- In sozialen Medien, Blogs, Netzwerken präsent zu sein
- Erkannt zu werden bei Veranstaltungen von Unbekannten
- Nützliches für Andere zu finden und so ihre Aufmerksamkeit zu gewinnen

## 1.3    Einführung Marketing

### 1.3.1    Marketingziele

Ohne klare Marketingziele verliert man schnell den Überblick. Die Frage „Und wozu soll das gut sein?" kann demotivierend wirken, wenn man eine neue Marketingidee präsentiert. Oftmals fehlt es an einer überzeugenden Antwort auf das „Warum", was jedoch essenziell ist. Es ist wichtig, sich bewusst zu machen, dass ohne definierte Ziele die Orientierung verloren geht. Die Festlegung von Marketingzielen ermöglicht es, Budgets einzufordern, Marketingaktivitäten zu planen, Ressourcen effizient zu nutzen und letztendlich auch Entscheidungen zu treffen. Ein durchdachter Plan, der mit der Festlegung von Zielen beginnt, ist unerlässlich, um sich nicht zu verzetteln und die Aufmerksamkeit auf die relevanten Tätigkeiten zu lenken. Dies gilt für Freelancer wie für Unternehmer [4].

Definieren Sie Ihre Ziele ganz klar. Ihre Marketingziele bestimmen die Ergebnisse, die Sie durch die Umsetzung Ihres Marketing-Mix erreichen möchten. Sie dienen als Leuchttürme, an denen Sie sich orientieren und ausrichten können. Es ist wichtig, strukturiert bei der Zieldefinition vorzugehen. Dabei orientieren wir uns am 5S-Framework von PR Smith. Die fünf Zielbereiche sind „Sell, Serve, Speak, Sizzle und Save" [4].

### 1.3.2    Ihre Website

Die Webseite nimmt eine herausragende Stellung unter den eigenen Medienkanälen ein. In der Kundenreise wird der Weg eines potenziellen Käufers mehrmals über Ihre Webseite führen. Die Inhalte auf Ihrer Webseite sind der zentrale Bezugspunkt Ihrer gesamten Marketingkommunikation, da sie die Fragen des Kunden beantworten und Ihr Unternehmen deutlich als Lösungsanbieter positionieren [4].

Der erste Berührungspunkt, den Ihre Zielgruppe mit Ihrem Unternehmen hat, findet höchstwahrscheinlich online statt. Dies ist der entscheidende Moment: Sei es durch eine Produktbewertung auf einer Bewertungsplattform die Verlinkung Ihres Artikels in einem externen Blog oder eine Anzeige in den sozialen Medien – Ihre Webseite ist der Dreh-und Angelpunkt, um relevanten Traffic zu generieren. Die Frage, ob Ihre Webseite für den Nutzer relevant ist oder nicht, wird innerhalb weniger Sekunden entschieden. Diese einmalige Gelegenheit sollten Sie nicht ungenutzt lassen! [4].

Bei der Erstellung Ihrer Website ist es wichtig, die Bedürfnisse von zwei verschiedenen Zielgruppen zu berücksichtigen: den Nutzern/Kunden und den Suchmaschinen. Obwohl ihre Anforderungen unterschiedlich sind, streben beide letztendlich dasselbe Ziel an: Herauszufinden, ob Ihre Website die Antworten auf ihre drängendsten Fragen liefert. Dabei legen sie Wert auf verschiedene Aspekte [4].

**Der Benutzer möchte** [4]**:**

- Relevante Inhalte finden,
- Eine leicht verständliche Navigation,
- Interaktions- und Kommunikationsmöglichkeiten sowie
- Eine ästhetisch ansprechende und übersichtliche Website.

**Der Searchbot will** [4]**:**

- Inhalte erfassen und interpretieren.
- Eine Website, die für mobile Geräte optimiert ist.
- Relevante, aktuelle und informative Seiten.
- Sicherheit.
- Hohe Leistungsfähigkeit.
- Eine übersichtliche Sitemap.

Auch wenn Ihre Webseite bereits seit einiger Zeit im Internet präsent ist, sollten Sie regelmäßig darüber nachdenken, warum das so ist. Warum existiert Ihre Webseite überhaupt? Was möchten Sie kurz- und langfristig damit erreichen? Möglicherweise haben sich im Laufe der Zeit die Bedürfnisse Ihrer Zielgruppe geändert und sie bevorzugt es, Ihren Inhalt nicht mehr in Form langer Blogartikel, sondern als Video präsentiert zu bekommen? Oder hat sich sogar Ihr gesamtes Geschäftsmodell von persönlichem zu digitalem Self-Service gewandelt?

Die essenziellen Funktionen Ihrer Unternehmenswebseite sollten einen oder mehrere der folgenden Aspekte beinhalten [4]:

- Informationsquelle: Auf Produktseiten, Ihrem Blog, einem integrierten Forum oder einer eigenen Wissensdatenbank (Self-Service-Knowledge Base) bieten Sie Ihren Webseitenbesuchern eine Vielzahl an Inhalten zu Ihrem Unternehmen, Ihrem Portfolio oder anderen relevanten Themen, über die sich Ihre Zielgruppe informieren möchte („Dienen").
- Interaktionspunkt: Wenn Ihren Besuchern gefällt, was sie auf Ihrer Webseite finden, können Sie ihnen mehr bieten und sie zu einer Handlung bewegen. Ob durch den Download eines Whitepapers, die Anmeldung für Ihren Newsletter oder die Registrierung für eine Produkt-Demo – aus unbekannten Kontakten sollen Leads mit einem möglichst detaillierten Profil entstehen, die Sie und Ihr Vertriebsteam weiter betreuen („Verkaufen").
- Verkaufspunkt: Betreiben Sie einen integrierten Online-Shop oder bieten Sie eine „low touch" Softwarelösung an, die ohne direkte Kommunikation mit einem Mitarbeiter funktioniert? Dann wird sich der grundlegende Zweck Ihrer Webseite um den direkten Verkauf Ihrer Produkte oder Dienstleistungen drehen („Verkaufen").

Ihre Webseite ist Ihre zentrale Kommunikationsplattform, mit der Sie Sichtbarkeit und Reichweite generieren („Begeisterung"). Hier können Sie sich als Meinungsführer positionieren, indem Sie spezifische Inhalte zu Ihren Themen platzieren. Sie kann auch Funktionen bereitstellen, um mit (potenziellen) Kunden in den Dialog zu treten („Sprechen")" [4].

Die Startseite galt lange Zeit als das Tor zur Website und erhielt daher besondere Aufmerksamkeit von Marketing- und Design-Teams. Der Nutzer landet auf der Startseite und wird von dort aus über die Navigation zu den relevanten Seiten geführt. Doch die Realität hat sich mittlerweile verändert. Die Mehrheit der Nutzer wählt als Einstieg in eine Website einen Blogartikel oder eine andere inhaltsreiche Seite, vorausgesetzt, diese sind erfolgreich und werden von Suchmaschinen als Suchergebnisse angezeigt. Besucher gelangen über verschiedene „Transportmittel" oder Wege auf die Website. Zudem entwickeln sich Suchmaschinen zunehmend zu Frage-Antwort-Plattformen. Und wo findet ein potenzieller Kunde in der Regel die Antwort auf eine Frage? Genau dort, wo der meiste Inhalt vorhanden ist – also in deinem Blog oder auf anderen informationsreichen Seiten. Daher ist es entscheidend, dass nicht nur die Startseite einen überzeugenden ersten Eindruck vermittelt, sondern auch alle anderen Seiten innerhalb von Sekunden deutlich machen, wo man sich befindet und was es hier noch zu entdecken gibt [4].

### 1.3.3 Der Blog als Marketinginstrument

Die Customer Journey muss also neu überdacht werden. Der Unternehmensblog spielt hier eine entscheidende Rolle mit seiner Vielzahl an indexierten Seiten und reichhaltigem Inhalt. Er steigert nicht nur Ihre Online-Sichtbarkeit, sondern unterstützt auch beim Aufbau von Thought Leadership, einer Expertenpositionierung, und vermittelt relevantes Fachwissen und Know-how. Der Unternehmensblog fungiert gewissermaßen als Reiseführer. Zudem dient er als optimaler Ausgangspunkt und bietet die nötige Inspiration, um sich mit Ihrer Website vertraut zu machen [4].

### 1.3.4 Die Navigation auf ihrer Website

Die Struktur der Website ist entscheidend für den Erfolg. Sie sollte klar, verständlich und benutzerfreundlich sein. Oftmals wird die Navigation jedoch internen Strukturen angepasst, was zu einer unübersichtlichen und überladenen Menüführung führen kann. Es ist wichtig, sich in die Lage des Website-Besuchers zu versetzen und die Navigation entsprechend zu gestalten. Hier sind einige Tipps für eine optimale Navigation [4]:

- Verwenden Sie aussagekräftige Navigationspunkte, die auch wichtige Schlüsselwörter enthalten.

- Platzieren Sie die relevantesten Punkte für Besucher und Geschäft an erster Stelle.
- Weniger ist mehr: Begrenzen Sie die Anzahl der Punkte auf maximal sieben.
- Nutze Drop-down-Menüs und Sticky-Navigation für eine bessere Benutzerfreundlichkeit.
- Integriere Icons (z. B. ein Briefsymbol für „Kontakt"), um die Navigation zu vereinfachen.
- Trennen Sie optisch die Navigation vom Seiteninhalt.
- Betonen Sie die Hauptnavigationspunkte gegenüber den Unterpunkten.
- Fügen Sie eine Suchleiste hinzu.
- Gestalten Sie eine responsive Navigation für verschiedene Geräte.

Es ist unbestreitbar, dass die Zeit- und Personalkosten für eine funktionierende Website erheblich sind – falls Sie dies nicht selbst übernehmen. Neben den Verantwortlichen für die Inhalte benötigen Sie Experten für SEO und Automatisierung sowie möglicherweise weitere Agenturen oder Freelancer für die Webentwicklung und das Design. Für die Wartung und kontinuierliche Optimierung Ihrer Website sollten Sie mehrere Stunden bis Personentage pro Woche einplanen. Content-Management-Systeme wie WordPress bieten erschwingliche Vorlagen für den Einstieg an. Wenn Sie diese an Ihre individuellen Bedürfnisse anpassen möchten, können auch hier die Kosten für die Webentwicklung steigen. Darüber hinaus fallen monatliche Ausgaben für Hosting, Domain und Plug-ins an [4].

ABER: Ihre Website ist DER Single Point of Truth Ihrer gesamten Marketingkommunikation und DAS wichtigste Tool für Reichweite, Sichtbarkeit und Leadgenerierung sowie den Aufbau von Thought Leadership! [4].

Tatsache ist: Ohne den menschlichen Faktor werden Sie mit Ihrer Website langfristig nicht weit kommen. Sich allein auf die Vorzüge des Unternehmens oder der Produkte zu verlassen, reicht heute nicht mehr aus. Auch wenn wir uns im virtuellen Raum bewegen, sind es doch echte Menschen, die mit ihren Herausforderungen und Wünschen verstanden werden möchten. Nutzen Sie daher Ihr Persona-Wissen und zeigen Sie Ihren Website-Besuchern in Ihrem Sprachgebrauch, Ihrer Navigation und Ihren Bildern, dass Sie ihre Herausforderungen verstehen und respektieren [4].

## 1.4    Working Out Loud – WOL

### 1.4.1   Einführung Working Out Loud

Working Out Loud – kurz WOL – ist eine Methode, die die Zusammenarbeit fördert, Netzwerke aufbaut, eigene Ziele unterstützt und die eigene Arbeit sichtbar macht [3].

Erstmalig ist der Begriff in einem Blogartikel von Bryce Williams unter dem Titel „When will we start to Work Out Loud? Soon!" erschienen. Unter dem Begriff „Work-Out-Loud" wurde folgendes zusammengefasst: *Sichtbarkeit des eigenen Wissens und der eigenen Arbeit, damit alle davon profitieren können.*

John Stepper entwickelte WOL weiter und veröffentlichte 2015 sein Buch: „Working Out Loud: For a better career and life".

**Die Methode:**

- 12 Wochen
- 1 h/Woche
- 4–5 Personen
- Einfache Circle Guides
- Eigene Zielerreichung

Der Kerngedanke von WOL ist, mithilfe von bedeutungsvollen Netzwerken individuelle Ziele zu erreichen, indem man seine Angewohnheiten reflektiert und ändert. Auch bei der Definition des eigenen Ziels bieten der Circle Guide sowie die Teilnehmer*innen des Circles, Unterstützung [3].

Dafür hat Stepper fünf Prinzipien aufgestellt, an denen sich das Konzept orientiert:

**Die 5 Prinzipien**

1. Beziehungen (Relationships) pflegen und im Austausch mit anderen lernen.
2. Großzügigkeit (Generosity) ist die Basis solider persönlicher Vernetzung.
3. Sichtbare Arbeit (Visible work). Die eigene Arbeit sichtbar machen.
4. Zielgerichtetes Verhalten (Purposeful Discovery). Wer weiterkommen will, braucht ein zielgerichtetes Verhalten
5. Wachstumsorientiertes Denken (Growth Mindset). Offenheit, Neugier und die Bereitschaft, die Komfortzone zu verlassen, sind unverzichtbar.

**WOL vermittelt Kompetenzen, die in der Zukunft immer wichtiger werden**

WOL zählt zu den Kompetenzen, die in Zukunft auf dem Arbeitsmarkt immer wichtiger werden. Gesellschaftliche Veränderungen wie Globalisierung und Digitalisierung tragen zu einer immer komplexer werdenden Arbeitswelt bei. Um in einem solchen Umfeld Entscheidungen treffen zu können, müssen wir Wissen schnell kombinieren und vernetzen. Diese Vernetzungskompetenz, kombiniert mit der Fähigkeit, über digitale Tools effektiv und gleichzeitig empathisch kommunizieren zu können, sind essenzielle Kompetenzen in einer digitalisierten und sich stetig verändernden Arbeitswelt. Die gute Nachricht: man kann diese Fähigkeiten lernen [3].

**Hier finden sie die wichtigsten Kompetenzen, die sie durch WOL aufbauen:**

- Ausbau ihrer Vernetzungskompetenz
- Erkennen & Ausbau persönlicher Stärken
- Erlangung von Sicherheit in der Anwendung digitaler Tools
- Förderung empathischer Kommunikation
- Entwicklung von Veränderungsbereitschaft
- Gewinn nachhaltiger Kontakte und Ausbau des persönlichen Netzwerks [3]

### 1.4.2   Welchen Nutzen sie als Architekt:in, Designer:in oder Ingenieur:in aus WOL ziehen können

Wie im letzten Absatz beschrieben trainieren und erweitern Sie ihre Kenntnisse und Fähigkeiten, sich zu vernetzen, digitale Tools einzusetzen, sichtbar zu werden und ihre Arbeit sowie ihre Projekte voranzubringen.

Es mag für sie aktuell noch befremdlich klingen z. B einen Blog zu schreiben oder auf LinkedIn oder Xing andere Beiträge zu liken, zu kommentieren oder gar eigene Artikel zu schreiben. In der heutigen Zeit ist es normal, dies zu tun und wird sie sichtbarer machen. Dies erscheint vielen Menschen auf der einen Seite nicht erstrebenswert, denn wenn ich etwas like oder meine Meinung kundtue, bin ich angreifbar. Das ist richtig. Auf der anderen Seite sind sie nahbar. Andere Menschen können sie einschätzen, einen Draht zu ihnen aufbauen, sie wegen eines Artikels oder Posts kontaktieren oder gar eine Geschäftsbeziehung starten.

Die digitalen Medien eröffnen ihnen einen großen und vielleicht von ihnen noch nicht genutzten Markt, der erschlossen werden will. Sehen sie Business-Netzwerke wie LinkedIn oder Xing als gute Plattform, um sich an das Schreiben heranzutasten. Hier sind die Textlängen gering. Sie können mit Likes starten und dann mit Kommentaren weiter einsteigen.

Als ich angefangen habe, mich in den sozialen Medien zu bewegen, ist es mir schwer gefallen, *Likes* zu verteilen, da ich unsicher war, was andere darüber denken würden. Mit der Zeit verlieren sich die möglichen Bedenken und Sie liken, was ihnen gefällt. Das ist auch ein wichtiger Punkt. Liken Sie am besten nichts nur um anderen zu gefallen. Sie sollten schon dahinterstehen.

Wenn sie einen Schritt weiter gehen wollen, dann kommentieren sie andere Posts oder Artikel. Schreiben sie kurze Kommentare oder bedanken sie sich für die Inspiration. Von Kritik würde ich am Anfang abraten. Sie wollen erst einmal Fuß fassen und üben, in den sozialen Medien präsent zu sein. Das, was sie liken oder kommentieren, ist Ihre Visitenkarte, die Sie dort nach außen tragen.

Darum bleiben Sie höflich, versuchen Sie etwas beizutragen oder wertzuschätzen.

▶ **Tipp zu Start**

Überlegen Sie sich was Sie in den sozialen Medien preisgeben wollen.

Es gibt grob drei Bereiche:

1. **Den öffentlichen Bereich:** Hierzu zählt alles, was alle wissen dürfen.
2. **Den persönlichen Bereich:** Hier entscheiden Sie, was sie preisgeben wollen. Achten Sie jedoch darauf, dass Sie anfangs nicht zu viel preisgeben. Was veröffentlicht wurde ist im Internet meist schwer zurückzuholen.
3. **Den privaten Bereich:** Privat ist privat und gehört somit nicht in Posts oder Artikel, die sie veröffentlichen.

## Literatur

1. Kruse O (2007) Keine Angst vor dem leeren Blatt: Ohne Schreibblockaden durchs Studium, 12. Aufl., S 16–21. Campus concret
2. „Selbst-PR. Der goldene Weg zu mehr Sichtbarkeit und Erfolg – Daniela Heggmaier – Amazon.de: Bücher" (o. J.) https://www.amazon.de/Selbst-PR-goldene-mehr-Sichtbarkeit-Erfolg/dp/3946297064. Zugegriffen: 3. März 2024
3. MARTINASW (2021) „Working Out Loud: Was ist das?" Martina Swoboda. 6. Februar 2021. https://martinaswoboda.com/2021/02/06/working-out-loud-was-ist-das/
4. Durst C, Eckart S, Heinickel C, Honka A, Hübner S, Lumme N, Utzt D (2022) B2B Digital Marketing Playbook

Siehe Abb. 2.1.

## 2.1 Textarten, die für Architekten und Designer wichtig sind

### 2.1.1 Der Text für Ihre Homepage

Ein guter Text auf der Homepage ist für Architekten und Designer sehr wichtig, um Kunden anzuziehen. Dies wird leider oft unterschätzt. Denn ein professionell gestalteter Text kann das Können und die Kreativität eines Architekten oder Designers optimal präsentieren. Durch klare Beschreibungen, ansprechende Bilder und überzeugende Referenzen können potenzielle Kunden einen guten Eindruck von der Arbeit des Unternehmens gewinnen. Ein guter Homepage-Text sollte daher informativ, inspirierend und zugleich vertrauenserweckend sein. Denn nur so gelingt es, Interessenten zu überzeugen und langfristige Geschäftsbeziehungen aufzubauen. Ein guter Homepage-Text ist das Aushängeschild für Architekten und Designer.

### 2.1.2 LinkedIn – Berufliche Netzwerke pflegen

Ein überzeugendes LinkedIn-Profil ist der Schlüssel zum beruflichen Erfolg in der heutigen digitalen Welt. Um ein professionelles und ansprechendes Profil zu erstellen, sollten Sie zunächst Ihr Foto wählen – am besten ein hochwertiges Bild, das Ihre Persönlichkeit widerspiegelt. Achten Sie darauf, dass Ihr Foto professionell erstellt wurde und kein

© Der/die Autor(en), exklusiv lizenziert an Springer Fachmedien Wiesbaden GmbH, ein Teil von Springer Nature 2025
M. Swoboda, *Einstieg ins Schreiben für Architekt:innen, Designer:innen und Ingenieur:innen*, https://doi.org/10.1007/978-3-658-46182-9_2

**Abb. 2.1** Der Schreibstart – von neuroflash AI interpretiert.
(Quelle: neuroflash AI)

Selfie ist. Besonders gut eignen sich sogenannte Headshots. Ein Headshot ist eine fotografische Darstellung, die sich auf das Gesicht und die Schultern einer Person fokussiert. Es dient dazu, die Persönlichkeit, Professionalität und Selbstsicherheit der abgebildeten Person zu präsentieren. Darüber hinaus zielt es darauf ab, einen besonderen Aspekt ihrer Persönlichkeit einzufangen und die Aufmerksamkeit des Betrachters zu gewinnen. Ursprünglich bezeichnete der Begriff „Headshot" das Portraitfoto, das ein Schauspieler für eine Rollenbewerbung verwendet.

Es gibt Headshot Fotografen, die sich auf genau diese Art von Fotos spezialisiert haben.

Danach folgt die Zusammenfassung: Hier können Sie kurz und prägnant beschreiben, wer Sie sind und was Sie erreichen möchten. Diese Zusammenfassung in Ihrem Profil kann ein kurzer Pitch sein oder doch ein paar Zeilen länger. Da es nicht jedermann leicht fällt, über sich selbst zu schreiben, überlegen sie, was andere oder gar potenzielle neue Arbeitgeber zusätzlich über Sie wissen sollten, das nicht aus Ihrer Berufserfahrung hervorgeht. Vermeiden Sie es, in diesem Abschnitt Ihren Lebenslauf zu wiederholen. Versuchen Sie etwas Frisches zu schreiben, das neugierig auf Sie macht.

Weiterhin ist es wichtig, Ihren Werdegang unter dem Punkt Berufserfahrung detailliert aufzulisten – von Ihrer Ausbildung bis hin zu Ihren bisherigen Stellen. Vergessen Sie nicht auch relevante Fähigkeiten und Kenntnisse hervorzuheben. Empfehlungen anderer Nutzer können Ihrem Profil zudem noch mehr Glaubwürdigkeit verleihen. Zu guter Letzt sollten regelmäßige Aktualisierungen Ihres Profils erfolgen sowie eine aktive Teilnahme an Diskussionen innerhalb des Netzwerks stattfinden.

LinkedIn verfügt zudem über einen Newsfeed. Hier können Sie eigenen Posts schreiben, Bilder teilen, Umfragen machen und vieles mehr. Hier bietet es sich an, erste Schreiberfahrungen zu sammeln.

**Beispiel Post**

Als Architekt:in ist es unerlässlich, die Bedeutung von Building Information Modeling (BIM) in der heutigen Architektur zu erkennen. 🏗🖥

BIM verbessert nicht nur die Effizienz und Genauigkeit im Planungsprozess, sondern ermöglicht auch eine bessere Zusammenarbeit zwischen allen Beteiligten eines Bauprojekts. Durch die Nutzung digitaler Modelle können potenzielle Probleme frühzeitig erkannt und behoben werden, was letztendlich Zeit und Kosten spart.

Um die Wichtigkeit von BIM in der Architektur zu unterstreichen, sollten wir uns weiterbilden und unsere Fähigkeiten im Umgang mit BIM-Software ausbauen. Zudem ist es entscheidend, bereits in der Planungsphase auf BIM zu setzen und alle Projektbeteiligten für dessen Vorteile zu sensibilisieren.

Ich erinnere mich an ein Projekt, bei dem die Implementierung von BIM maßgeblich zur erfolgreichen Umsetzung beigetragen hat. Die reibungslose Kommunikation und Koordination aller Gewerke waren entscheidend für den Erfolg des Projekts.

Lassen Sie uns gemeinsam die Zukunft der Architektur gestalten und die Möglichkeiten von BIM voll ausschöpfen! 🤝💡

#Architektur #BIM #ZukunftderArchitektur◀

Dieser Post ist ein einfaches Beispiel. Gut daran ist, dass er eine übersichtliche Länge hat. Sie sehen das ich Icons benutzt habe und am Ende Hashtags #. Die Icons bringen mehr Leben in Ihren Post, sie verbildlichen den Text in kurzer Form. Die Hashtags sind dazu da um Ihren Post auffindbarer zu machen. Viele Personen folgen nicht nur Menschen sondern auch Hashtags zu einem Thema das sie interessiert. Wenn Sie Hashtags in Ihre Artikel einbauen, sieht somit die Person die den Hashtag abonniert hat Ihren Beitrag/ Post. Ich empfehle Ihnen 3–5 Hastags pro Post einzubauen. Die Hashtags müssen nicht zwingend am Ende stehen sondern können auch in den Text integriert werden.

Was diesen Post verbessern würde, wäre ein „Call to Action" am Ende, ein Foto oder ein kurzes Video das Sie beifügen oder ein längerer Text mit einer persönlichen Story. Gibt es etwas was Ihre Leserschaft tun soll oder besonders interessiert? Wollen Sie eine Frage an Ihre Leser richten? Versuchen Sie in einen Dialog mit Ihren Lesern zu kommen. Ziel ist es Likes und Kommentare auf Ihren Post zu bekommen.

## 2.1.3  Blogartikel

Für Architekten und Designer ist es wichtig, Blogartikel zu schreiben. Denn durch das Verfassen von Blogartikeln können Sie ihre Expertise präsentieren, ihr Fachwissen teilen und potenzielle Kunden auf sich aufmerksam machen. Zudem bietet ein regelmäßig gepflegter Blog die Möglichkeit, aktuelle Trends in der Branche zu diskutieren und neue

Ideen vorzustellen. Somit ist das Schreiben von Blogartikeln nicht nur eine effektive Marketingstrategie, sondern auch eine wichtige Methode zur Positionierung als Experte in seinem Bereich.

---

**Beispiel Blogartikel**

„Früher waren die Zeiten anders. Sie waren langsamer. Das hieß in der Praxis. Ich hatte als Führungskraft mehr Zeit Entscheidungen zu treffen. Denn es war ein einfaches Umfeld. Mit Anweisungen und Kontrolle konnte sehr solide geführt werden. Jetzt ist das anders. Die Dynamik der Entscheidungssituationen wird immer höher. Sowie die zunehmende Komplexität der Aufgaben. Was oder wer mir in dieser Situation geholfen hat erfahren sie in diesem Artikel.

Wie können sie in dieser Geschwindigkeit und diesem Informationsvolumen gute Unternehmerische Entscheidungen treffen? Die Antwort ist, mithilfe ihres Netzwerks. Mit einem guten Netzwerk im eigenen Unternehmen und nach außen. Denn bedenken sie, die Expertise kommt aus ihrem Netzwerk. Sie können nicht mehr die Expertin für alles sein.

Netzwerken ist eine der wichtigsten Disziplinen für Führungskräfte. Der Austausch mit Gleichgesinnten und die Freude an der Kontaktpflege sind unendlich wertvoll. Früher stand ich dem Networking kritisch gegenüber. Heute schätze ich jede Sekunde.

Für mich war „Netzwerken" früher ein Graus. Warum? Ich war mir nicht klar, was ich anzubieten habe. Ich war von mir nicht überzeugt. Somit fiel es mir schwer, mich auf einem Netzwerkabend locker zu „verkaufen" und „darzustellen". Menschen, die dies gut konnten, standen bei mir auf der roten Liste. Für mich waren sie Angeber, Aufschneider oder ähnliches. Im Nachhinein betrachtet war ich nur neidisch. Jetzt entwickelt sich mein Netzwerk von alleine. Sehr gute Kontakte kommen dazu. Weniger gute verlassen mein Netzwerk. Wie das funktioniert?

Diese vier Fragen haben mich auf den Weg gebracht:

- Was habe ich anzubieten?
- Was sind meine Stärken?
- Was ist mein USP? Was zeichnet mich aus?
- Welchen Wert möchte ich in unsere Gemeinschaft einbringen?
- Wie sieht das bei Ihnen aus?

Können Sie die Fragen leicht beantworten? Ich konnte es nicht. Es hat einige Zeit gedauert, um klare Antworten zu finden. Doch ich bin drangeblieben und es hat sich gelohnt. Sie wissen, was Sie anzubieten haben? Super! Dann suchen Sie sich Netzwerke, in denen Sie sich wohlfühlen. Und die Ihren Zielen dienlich sind.

Diese sieben Tipps haben sich für mich bewährt, um in Netzwerken Fuß zu fassen.

Nehmen Sie sich Zeit, die Menschen in den Netzwerken kennenzulernen. Ein kurzes Gespräch am Buffett macht noch keinen belastbaren Kontakt.

Nehmen Sie an Veranstaltungen teil. Und bringen Sie sich ein.

Bieten Sie Ihren „Mitnetzwerkern" einen Mehrwert. Was das sein kann? Tipps, Empfehlungen, eine spannende aktuelle Geschichte, ein gutes Buch, das Sie vor Kurzem gelesen haben, einen Reise- oder Hoteltipp. Seien Sie kreativ und hören Sie gut zu.

Überarbeiten Sie Ihre Online-Präsenz. Machen Sie Ihre Webseite schick. Oder erstellen Sie sich eine.

Posten sie wöchentlich auf LinkedIn oder Ihrer bevorzugten Social Media-Plattform. Schreiben Sie eigenen Content.

Liken Sie gute Artikel und Beiträge anderer Menschen.

Treffen Sie sich offline oder per Videokonferenz. Bleiben Sie dran. Geben Sie sich Zeit. Konsistenz gewinnt.

Für mich hat sich einiges durchs Netzwerken verändert. Ich treffe auf Menschen, die genau dieselbe Begeisterung und Überzeugung wie ich mitbringen. Sie handeln, wie ich, aus Überzeugung, etwas verbessern zu können. Nicht des kurzfristigen Erfolges wegen.

Lernen Sie, wie ich, Menschen kennen, die Ihren Weg teilen und bereichern. Lernen Sie Menschen kennen, die Ihnen helfen, Ihre Ziele zu erreichen. Und bereichern Sie deren Weg.

Vernetzen sie sich mit anderen Führungskräften und interessanten Personen. Bauen sie ein Netzwerk auf. Nicht im Sinne von Visitenkarten sammeln. Sprechen sie mit den Leuten. Treffen sie sich auf ein Glas Wein. Virtuell oder persönlich. Belegen sie interessante Seminare, die ihnen thematisch weiterhelfen. Und sie zudem neue Leute kennenlernen. Netzwerken sie.

Denn bedenken sie, in der heutigen Zeit kommt die Expertise aus ihrem Netzwerk. Sie können nicht mehr die Expertin für alles sein. In diesem Sinne viele Erfolg.

Für mehr Inspiration schauen sie auf meinem YouTube Channel vorbei oder hören sie meinen Podcast." [1].◄

## 2.1.4 Wissenschaftliche Artikel in Fachzeitschriften

Warum ist es wichtig, wissenschaftliche Artikel in Fachzeitschriften zu schreiben?

Die Verbindung zwischen Wissenschaft, Architektur und Design mag auf den ersten Blick nicht offensichtlich sein. Warum sollten also Architekten oder Designer an wissenschaftlicher Arbeit interessiert sein? Es gibt gute Gründe, sich mit wissenschaftlicher Forschung auseinanderzusetzen: 1) um die Qualität der eigenen Arbeit zu steigern, 2) um andere von der eigenen Arbeit zu überzeugen und 3) um das Gestaltungswissen weiterzugeben. Es lohnt sich, offen für die Wissenschaft zu sein. Als Gestalter ist es wichtig, auch Interesse an wissenschaftlichen Arbeiten zu zeigen. Denn nur so kann man die Qualität seiner Arbeit verbessern, andere überzeugen und zum Gestaltungswissen beitragen. Können Architekten und Designer auf wissenschaftliche Erkenntnisse zurückgreifen, um Entscheidungen zu treffen? Absolut! Ohne diese wichtigen Informationen aus verschiedenen Bereichen wäre man ausschließlich auf seine eigene Meinung angewiesen. Design- und Architekturentscheidungen haben immer gesellschaftliche Auswirkungen. Zum Beispiel können eine unzureichende Verpackung, ein ungünstiger Grundriss oder falsche Maße bei Flugzeugsitzen schwerwiegende Folgen haben. Design und Architektur sind bedeutend – daher tragen Architekten und Designer die Verantwortung dafür, nicht nur nach eigenem Geschmack, sondern auch basierend auf wissenschaftlichem Wissen zu gestalten. Wissenschaftliches Know-how sollte in architektonische sowie designbezogene Entscheidungsprozesse einfließen. Da sie für ihre Entwürfe verantwortlich sind inklusive ihrer gesellschaftlichen Konsequenzen, müssen Architekten sowie Designer in der Lage sein, mit wissenschaftlichen Fakten umzugehen [2].

Designprodukte sollten durch ihre Funktion begründet werden können – Ein Tisch ist somit nicht richtig oder falsch, sondern einfach besser oder schlechter als bereits existierende Angebote.

Designer sowie Architekten müssen dementsprechend argumentieren, warum ihre Entwürfe überzeugender als bisherige Produkte sind. Diese Argumentation wird durch fundierte Informationen aus der Wissenschaft unterstützt. Designer wie auch Architekten sollen deutlich machen, welche Bedeutung Ihre Ideen hinter ihren Kreationen hat. In Bezug zur Gestaltung gibt es keine allgemeingültige richtig-falsche Bewertung, sondern lediglich subjektive Ansichten [2].

Durch das Veröffentlichen ihrer Forschungsergebnisse in renommierten Fachzeitschriften können sie ihr Expertenwissen unter Beweis stellen und ihre Reputation in der Branche stärken. Darüber hinaus ermöglicht es ihnen, mit anderen Fachleuten aus ihrem Bereich in Kontakt zu treten und sich über aktuelle Entwicklungen auszutauschen. Auf diese Weise bleiben sie immer auf dem neuesten Stand der Wissenschaft und können innovative Ideen für ihre eigenen Projekte gewinnen. Daher sollten Architekten und Designer nicht zögern, regelmäßig Artikel in Fachzeitschriften zu veröffentlichen, um ihren Einflussbereich zu erweitern und einen Beitrag zur Weiterentwicklung ihres Berufsfeldes zu leisten.

## 2.1.5   Ein Kapitel für ein Buch schreiben

Ein Kapitel in einem Buch mitzuschreiben kann für Architekten und Designer wichtig für die Reputation sein. Es zeigt nicht nur ihre Fachkenntnisse und Kreativität, sondern auch ihren Einfluss in der Branche. Durch die Teilnahme an solchen Projekten können sie sich als Experte positionieren und neue Möglichkeiten für zukünftige Aufträge eröffnen.

Zudem bietet es die Chance, mit anderen talentierten Profis zusammenzuarbeiten und ihr Netzwerk zu erweitern. Letztendlich kann das Mitwirken an einem Kapitel in einem Buch dazu beitragen, dass ihr Name im Bereich Architektur oder Design bekannter wird und somit ihre Karriere vorantreibt.

## 2.1.6   Ein eigenes Buch schreiben

Ein eigenes Buch zu schreiben kann für Architekten und Designer ein weiterer wichtiger Schritt hin zu einer erfolgreichen Karriere sein und den Expertenstatus erhöhen. Denn durch die Veröffentlichung eines Buches können sie ihre Expertise und Kreativität einem breiten Publikum präsentieren. Dies kann nicht nur dazu beitragen, ihren Ruf in der Branche zu stärken, sondern auch neue Aufträge und Projekte an Land ziehen. Ein Buch ermöglicht es Architekten und Designern zudem, ihr Portfolio auf eine ganz besondere Art und Weise darzustellen. Statt nur Bilder von abgeschlossenen Projekten zu zeigen, können sie in einem Buch den Entstehungsprozess hinter den Kulissen beleuchten – von der ersten Skizze bis zur Fertigstellung des Bauwerks oder Designs. Neben dem beruflichen Nutzen kann das Schreiben eines eigenen Buches auch persönlich bereichernd sein. Es erfordert Disziplin, Ausdauer und Kreativität – Eigenschaften, die sowohl im Berufsleben als auch im Alltag nützlich sind. Darüber hinaus bietet ein eigenes Buch die Möglichkeit, sich intensiver mit seinem Fachgebiet auseinanderzusetzen und vielleicht sogar neue Erkenntnisse über sich selbst zu gewinnen. Insgesamt ist das Schreiben eines eigenen Buches für Architekten und Designer also weit mehr als nur eine weitere Referenz in ihrem Lebenslauf: Es ist eine Chance zur Selbstverwirklichung sowie zur Weiterentwicklung ihrer beruflichen Laufbahn.

## 2.1.7   Die Dreiteilung eines Textes als Stilelement

Diese klassische Dreiteilung eines Textes in Einleitung, Hauptteil und Schluss hat sich bewährt und ist ein wichtiges Stilelement. In der Einleitung wird das Thema eingeführt und die Leser neugierig gemacht. Im Hauptteil werden dann Fakten präsentiert, Argumente dargelegt oder eine Geschichte erzählt – je nach Art des Textes. Der Schluss rundet den Text ab, fasst die wichtigsten Punkte zusammen oder gibt einen Ausblick auf mögliche Folgen oder Lösungen. Diese klare Struktur hilft dem Leser dabei, den roten Faden zu behalten und ermöglicht es dem Autor seine Gedanken gezielt darzulegen.

Die Dreiteilung eines Textes als Stilelement sollte daher nicht unterschätzt werden; sie trägt maßgeblich dazu bei, dass ein Text überzeugend wirkt und beim Leser im Gedächtnis bleibt.

## 2.1.8   Tipps zum Anfang

Das Schreiben kann eine echte Herausforderung darstellen, vor allem wenn man nicht weiß, wie man beginnen soll. Doch mit ein paar einfachen Tipps lässt sich dieser Startpunkt leichter finden:

1. Suchen Sie sich einen ruhigen Ort ohne Ablenkungen, um sich ganz auf Ihre Gedanken und Ideen konzentrieren zu können.
2. Überlegen Sie genau, was Sie mit Ihrem Text ausdrücken möchten. Eine klare Vorstellung hilft Ihnen dabei, den roten Faden nicht zu verlieren.
3. Beginnen Sie damit, eine kurze Zusammenfassung Ihrer Idee oder ein Brainstorming anzufertigen. Das strukturiert Ihr Denken und erleichtert den Einstieg ins Schreiben.
4. Legen Sie grob fest, wie Ihr Text aufgebaut sein soll und gliedern Sie Ihre Gedanken in logische Abschnitte oder Absätze.
5. Wagen Sie es dann einfach loszuschreiben! Auch unvollständige Sätze oder Stichpunkte sind ein guter Anfang – wichtig ist es erst mal nur den Fluss Ihrer Gedanken aufs Papier (oder den Bildschirm) zu bringen.

Mit diesen Tipps wird es Ihnen sicherlich leichter fallen, die ersten Schritte beim Verfassen Ihres Textes zu machen und Ihre Ideen klar und überzeugend auszudrücken.

## 2.2   KI-unterstützt arbeiten

Siehe Abb. 2.2.

## 2.2.1   Einführung Künstliche Intelligenz

„Ein Tsunami an maschinell erstellten Inhalten rollt auf uns zu."– *Michael Katzlberger, CEO Katzlberger Consulting*

Um KI unterstützt Texte zu schreiben, ist es wichtig, sich zunächst mit den Grundlagen der künstlichen Intelligenz vertraut zu machen. Es ist entscheidend, die Funktionsweise des KI-Tools zu verstehen, dass Sie verwenden möchten, um sicherzustellen, dass Sie es effektiv einsetzen können.

Ein weiterer wichtiger Aspekt ist die Qualität der Trainingsdaten, die Sie für die KI verwenden. Je besser und vielfältiger die Daten sind, desto präziser wird die KI in der Lage sein, Texte zu generieren. Es ist daher ratsam, qualitativ hochwertige und relevante Datenquellen zu nutzen.

**Abb. 2.2**   KI-unterstützt Arbeiten – Interpretation von Musavir.ai.
(Quelle: Musavir.ai)

Zudem sollten Sie darauf achten, dass Sie klare und präzise Anweisungen geben, damit die KI Ihre Erwartungen besser erfüllen kann. Es kann auch hilfreich sein, regelmäßig Feedback zu geben und die Ergebnisse zu überprüfen, um sicherzustellen, dass die Texte Ihren Anforderungen entsprechen.

Insgesamt ist es wichtig, geduldig zu sein und kontinuierlich an der Verbesserung Ihrer Fähigkeiten im Umgang mit KI-unterstützten Texten zu arbeiten. Mit der richtigen Herangehensweise und einem fundierten Verständnis der Technologie können Sie Ihre Schreibfähigkeiten auf ein neues Level heben.

Künstliche Intelligenz (KI) oder Artificial Intelligence (AI) ist der Oberbegriff für verschiedene Ansätze zur Entwicklung „intelligenter" Anwendungen. Diese sammeln durch Trainingsdaten Erfahrungen und generieren daraus Ergebnisse, die ihnen nicht explizit beigebracht wurden. Eine bedeutende Weiterentwicklung ist das Natural Language Processing (NLP), welches es ermöglicht, auf natürliche Weise mit KI-Tools in gesprochener oder geschriebener Sprache zu kommunizieren. Dies bietet Vorteile beim Verfassen von Anleitungen sowie bei der Analyse schriftlicher Informationen mithilfe des Tools. Das Wissen und die Möglichkeiten im Bereich der KI wachsen kontinuierlich und mit großer Geschwindigkeit weiter an.

ChatGPT zum Beispiel ermöglicht das Training und Lernen anhand einer umfangreichen Menge von Texten, die Muster und Zusammenhänge aufzeigen. Es bietet kreative und vielseitige Antworten auf Benutzereingaben, um einzigartige Ergebnisse zu erzielen.

Darüber hinaus kann ChatGPT in gewissem Maße den Kontext eines Gesprächs verstehen, abhängig von der Eingabe des Nutzers oder dem Prompt.

## 2.2.2    Die Zukunft – Augmented Intelligence – Wenn menschliche und künstliche Intelligenz kombiniert werden

„Die KI wird wahrscheinlich zum Ende der Welt führen, aber in der Zwischenzeit wird es große Unternehmen geben." – *Sam Altman, CEO von OpenAI*

Wie jede Analogie, so hat auch die Betrachtung der KI als Forschungsassistent ihre Grenzen. Eine bessere Herangehensweise könnte das Konzept der Augmented Intelligence sein, bei dem es darum geht, künstliche Intelligenz als Erweiterung und Ergänzung menschlicher Intelligenz zu nutzen. Diese Sichtweise bietet den Vorteil, die KI nicht zu vermenschlichen, wie es beim Begriff des Forschungsassistenten geschieht. Denn künstliche Intelligenz unterscheidet sich grundlegend von menschlicher Intelligenz. Aktuelle KI-Tools sind sehr spezialisiert und können bestimmte Aufgaben lösen. Die meisten KI-Apps sind auf einen einzigen Zweck ausgerichtet. Dies ist einer der Unterschiede zwischen künstlicher und menschlicher Intelligenz. Daher spricht man bei aktueller KI auch von einer „narrow artificial intelligence" bzw. „weak artificial intelligence". Das Ziel bei der Entwicklung von KI ist es, eine „strong AI" oder „general AI" zu schaffen, welche verschiedene Aufgaben auf einem Niveau eines Menschen bewältigt, gefolgt von einer „Superintelligenz", deren intellektuellen Fähigkeiten den Menschen in jeder Hinsicht übertrifft. Aktuell existiert kein einziges Werkzeug für das Schreiben und wissenschaftliche Arbeiten im Bereich KI, sondern zahlreiche Tools sowie einzelne Bausteine, die genutzt werden können. Die Herausforderung besteht darin, diese verschiedenen Tools richtig miteinander zu kombinieren [3].

### Das Grundkonzept ihres wissenschaftlichen Textes mit Hilfe eines KI-Tools entwickeln

Das Ziel der ersten Phase besteht darin, ein grobes Konzept zu entwickeln und zu prüfen, ob es tragfähig und umsetzbar ist. Da verschiedene Konzepte unterschiedliche Erfolgschancen haben und das Ergebnis von der Qualität des Konzepts abhängt, empfiehlt es sich, mehrere Optionen auszuarbeiten und das beste Konzept auszuwählen [3].

Ein wissenschaftliches Arbeitskonzept setzt sich hauptsächlich aus drei Elementen zusammen: einem Problem, einer Forschungsfrage und dem methodischen Vorgehen. Das Problem verleiht der Arbeit Relevanz – im englischsprachigen Raum eines der zentralen Bewertungskriterien neben „Rigor", welches für die methodische Strenge steht. Oft sind Probleme in wissenschaftlichen Arbeiten zu komplex für eine vollständige Lösung; daher legt die Forschungsfrage fest, welchen Beitrag zur Lösung geleistet werden soll [3].

Um ein Konzept zu erstellen, können Sie auf bereits behandelte, ähnliche Fragen zurückgreifen. Allerdings stoßen Sie hierbei oft auf Schwierigkeiten. Zu Beginn Ihrer

Arbeit sind Ihre Ideen bezüglich der Frage meist vage – eine Literaturrecherche führt möglicherweise nicht zum gewünschten Ergebnis [3].

Generative KI-Tools wie [3]:

- ChatGPT oder
- Google Bard
- Rytr (rytr.me),
- Jasper (jasper.ai)
- CopyAI (copy.ai)
- Chatsonic (writesonic.com) oder
- Article Forge (articleforge.com)
- Neuroflash

können Ihnen wesentlich weiterhelfen, indem sie Ideen liefern oder Modelle/Theorien zur Bearbeitung bestimmter Fragen vorschlagen oder gar Forschungsfragen. Dann ist es an der Zeit, diese Ideen auf ihre Umsetzbarkeit zu überprüfen. Sie sollten eine klare Vorstellung davon entwickeln, wie die Umsetzung aussehen kann, welche Anforderungen damit verbunden sind und ob Sie diesen gerecht werden können [3].

### Literaturrecherche leicht gemacht mit künstlicher Intelligenz

Nachdem sie ihr Grundkonzept festgelegt haben, ist es wichtig, die theoretische Basis für Ihre (wissenschaftliche) Arbeit zu schaffen. Dafür sind eine gründliche Literaturrecherche und Bewertung erforderlich. Häufig bemängeln Gutachterinnen und Gutachter bei eingereichten wissenschaftlichen Arbeiten, dass nicht klar genug wird, welche Literatur aus welchen Gründen in die Arbeit einbezogen wurde. Manchmal entsteht der Eindruck einer unstrukturierten und willkürlichen Auswahl von Quellen. Das kann problematisch sein, da wissenschaftliche Arbeiten reproduzierbar sein sollten [3].

Die Nutzung von Suchassistenten wie Elicit oder Consensus erleichtert den Zugang zur Fachliteratur beträchtlich (Abb. 2.3 und 2.4).

Wenn zwei Arbeiten getrennt voneinander dieselbe Forschungsfrage im gleichen Kontext behandeln, sollte auch eine hohe Übereinstimmung hinsichtlich der verwendeten Literatur bestehen. Dies erreichen Sie nur durch systematische Vorgehensweise bei Ihrer Literaturrecherche. Systematisch bedeutet hierbei, dass Sie einen klaren Plan entwickeln sollten und diesen konsequent verfolgen. In Ihrem Plan halten Sie fest, welche Datenbanken mit welchen Suchbegriffen und Operatoren durchsucht wurden. Außerdem legen Sie Kriterien fest zur Auswahl der relevanten Literaturquellen. Es empfiehlt sich dabei, ein Flussdiagramm zu erstellen als visuelle Darstellung Ihrer Recherchemethodik in Form eines schematischen Ablaufdiagramms. Ein solches Diagramm verbessert deutlich die Nachvollziehbarkeit Ihrer Vorgehensweise bei der Literaturrecherche [3].

**Abb. 2.3** Beispiel Suche Elicit. (Quelle: Screenshot Elicit)

Wenn Sie also mit einer systematischen Recherche beeindrucken möchten, benötigen Sie einen Suchstring für die Suche in wissenschaftlichen Datenbanken. Die übliche Vorgehensweise besteht darin, dass man anhand der identifizierten Quellen während der Konzeptentwicklung vertraut wird und sich mit deren Schlüsselwörtern vertraut macht. In wissenschaftlichen Artikeln finden sich diese Keywords normalerweise direkt nach

| | |
|---|---|
| Dienstleistungsorientiertes Marketing . Antwort auf die Herausforderung durch neue Technologien<br>♀♀  Werner Hans Engelhardt<br><br>1990 40 citations   DOI ⬀ | The allocation of production factors with the aim of producing goods and their sale to a limited buying power equipped demand was and is the subject of business economics research. |
| Grundkonzeption des Marketing<br>♀♀  Wulff Plinke<br><br>1995 6 citations   DOI ⬀ | The basic concept of the behavior of providers on markets is "marketing". |
| Marketing als marktorientierte Unternehmensführung<br>♀♀  Heribert Meffert<br><br>1998 18 citations   DOI ⬀ | The basic idea of a consistent, market-oriented business management has been a different stage in different stages and to a branch-specific high importance of marketing in science and practice. |
| Das Marketingkonzept im internationalen Umfeld<br>♀♀  Alexander Schwarz-Musch<br><br>2013 3 citations   DOI ⬀ | The marketing concept for the respective market should be developed. |
| Marketing - Eine prozess- und praxisorientierte Einführung<br>♀♀  Peter Runia  +3<br><br>2011 15 citations   DOI ⬀ | The focus of this popular textbook is consumer goods marketing. |

**Abb. 2.4**  Beispiel Suche Elicit – Gefundene Literatur. (Quelle: Screenshot Elicit)

dem Abstract. Ausgehend von diesen Schlüsselwörtern können Sie dann eine Literaturre-cherche starten. Sobald Sie das Vokabular kennen, können Sie daraus einen Suchstring erstellen. Ein weiterer Ansatz ist es, eine generative KI damit zu beauftragen, einen Suchstring zu entwickeln [3].

▶ **Was ist ein Prompt?** Ein Prompt bei ChatGPT ist eine kurze Anfrage oder Auffor-derung, die Sie eingeben, um eine Antwort oder einen Text vom GPT-3 Modell zu erhalten. Dieser dient als Ausgangspunkt für die generierte Antwort und hilft dem Modell dabei, den Kontext zu verstehen und relevante Informationen bereitzustellen. Durch die Verwendung von präzisen und gut formulierten Prompts können Sie sicherstellen, dass die Antwort des Modells Ihren Erwartungen entspricht und Ihnen bei Ihrem Anliegen weiterhilft.

**Beispiel 1: Prompt von Wang et al. 2023 – einfach**

„For a systematic review titled „{review_title}", can you generate a systematic review Boolean query to find all included studies on PubMed for the review topic?" [4].◄

**Beispiel 2: Prompt von Wang et al. 2023 – detailliert**

„You are an information specialist who develops Boolean queries for systematic reviews. You have extensive experience developing highly effective queries for searching the medical literature. Your specialty is developing queries that retrieve as few irrelevant documents as possible and retrieve all relevant documents for your information need. Now you have your information need to conduct research on {review_title}. Please construct a highly effective systematic review Boolean query that can best serve your information need." [4].◄

**Beispiel 3: Prompt von Wang et al. 2023 – mit integriertem Beispiel**

„You are an information specialist who develops Boolean queries for systematic reviews. You have extensive experience developing highly effective queries for searching the medical literature. Your specialty is developing queries that retrieve as few irrelevant documents as possible and retrieve all relevant documents for your information need. You are able to take an information need such as: „{example_review_title}" and generate valid pubmed queries such as: „{example_review_query}". Now you have your information need to conduct research on „{review_title}", please generate a highly effective systematic review Boolean query for the information need." [4].◄

All diese Beispiele können natürlich auch auf andere Suchanfragen übertragen werden. Testen Sie für sich aus, wie detailliert Sie einen Prompt ausformulieren müssen, um die bestmögliche Antwort von ChatGPT zu bekommen.

Der zweite Schritt bei einer strukturierten Suche betrifft die Auswahl der Datenbanken, die verwendet werden sollen. Normalerweise hängt die Antwort auf diese Frage davon ab, für welche wissenschaftlichen Datenbanken Ihre Bildungseinrichtung eine Lizenz besitzt. Zusätzlich können frei zugängliche Suchmaschinen wie Google Scholar (scholar.google.com) und Semantic Scholar (semanticscholar.org) genutzt werden. Die Suchmaschine Semantic Scholar hat derzeit mehr als 200 Mio. wissenschaftliche Artikel indexiert. Im Gegensatz zu Google Scholar konzentriert sich diese Suchmaschine auf frei zugängliche Ressourcen. Besonderheiten dieser Suchmaschine sind unter anderem, dass die Inhalte der Publikationen in sehr knapper Form (meist nur ein Satz) auf den Ergebnisseiten präsentiert werden. Dadurch können Sie schnell entscheiden, ob es sich lohnt, einen bestimmten Artikel abzurufen oder nicht [3].

Ein weiterer wichtiger Bereich ist die Festlegung von Ausschlusskriterien. Diese beschreiben die Merkmale, die eine Veröffentlichung zwingend erfüllen muss. Häufig verwendete Ausschlusskriterien sind das Alter der Publikation, die Sprache (beispielsweise nur englisch- und deutschsprachige Veröffentlichungen), Anforderungen an den Peer-Review-Prozess des Journals oder der Studientyp (wie beispielsweise quantitative empirische Studie) [3].

Die Definition des Suchbegriffs, der Datenbanken sowie der Ausschlusskriterien bilden die Grundlage für eine systematische Literaturrecherche [3].

Nachdem Sie gemäß dem genannten Flussdiagramm Ihre Recherche durchgeführt haben, sollten Sie sicherstellen, dass die einschlägige wissenschaftliche Literatur berücksichtigt wurde. Die einschlägige Literatur umfasst Arbeiten mit signifikanten Beiträgen zu einem Forschungsgebiet, sodass sie häufig von anderen Arbeiten zitiert werden. Dies gilt als Standard innerhalb eines Themengebiets. Um diese Literatur zu identifizieren, helfen Ihnen Tools wie Connected Papers (connectedpapers.com), ResearchRabbit (researchrabbit.ai), Litmaps (litmaps.com) und Inciteful (inciteful.xyz). Diese Tools visualisieren mithilfe von Referenzen ein Netzwerk aus verknüpften Artikeln und ermöglichen somit gezielte Suche im Graphen [3] (Abb. 2.5 und 2.6).

Neben der vereinfachten Identifizierung relevanter Literatur bietet dies eine Vielzahl von Vorteilen [3]:

- Sie erhalten einen umfassenden Überblick über ein bestimmtes Forschungsgebiet.
- Zusätzliche Quellen können effizient gefunden werden.
- Einige Tools, wie zum Beispiel ResearchRabbit kombinieren die Visualisierung mit einem
    Empfehlungssystem (deshalb gehören sie auch zur Kategorie der KI-Tools). Dadurch können Ihnen weitere Artikel zu Ihrer bestehenden Sammlung vorgeschlagen werden.

Ein nützliches KI-Tool, das die Literaturrecherche mit dem Schreibprozess verknüpft, ist die wisio.app. Diese Anwendung kombiniert einen Texteditor mit individuellen Empfehlungen für Literaturquellen. Dadurch kann man sich beim Verfassen eines Textes gezielt Literaturempfehlungen anzeigen lassen. Besonders praktisch ist dies, wenn man während des Schreibens feststellt, dass eine Behauptung durch eine Quelle belegt werden muss. Möglicherweise sind Sie auch schon in diese Situation geraten: Sie haben sich gründlich in Ihr wissenschaftliches Thema eingearbeitet. Beim Verfassen Ihrer Arbeit fällt es Ihnen jedoch schwer zu erinnern, auf welche Quelle eine bestimmte Aussage zurückgeht. Die Recherche nach einer passenden Quelle für eine spezifische Aussage war bisher sehr zeitaufwendig und oft erfolglos. In der Wisio.app können Sie nun gezielt Literaturempfehlungen für einzelne Sätze oder Abschnitte abrufen, was das Belegen von Aussagen deutlich erleichtern kann [3].

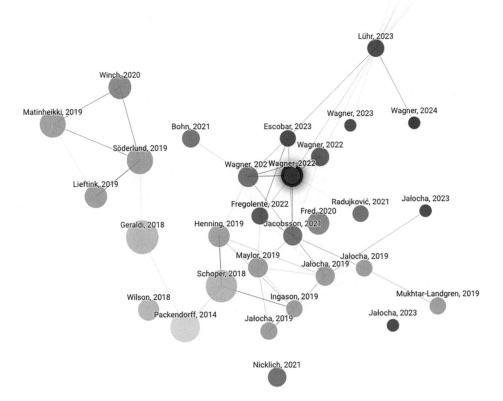

**Abb. 2.5** Beispiel Graph – Literaturvisualisierung mit Connected Papers.
(Quelle: Screenshot Connected Papers)

▶   **Achtung! Wo sind die Grenzen von ChatGPT?** Ausgabe von fehlerhaften, irre-
    führenden oder einseitigen Informationen „Halluzinationen": Der Chatbot erfindet
    „Fakten" und gibt sie nicht als solche zu erkennen.
        Quellen: Es werden keine Quellen für die bereitgestellten Informationen ange-
    geben.
        Datenschutz: Die Unterhaltungen zwischen Ihnen und dem Chatbot können
    zur Verbesserung des Systems von OpenAI eingesehen und analysiert werden.
    Geben Sie keine sensiblen Daten ein!

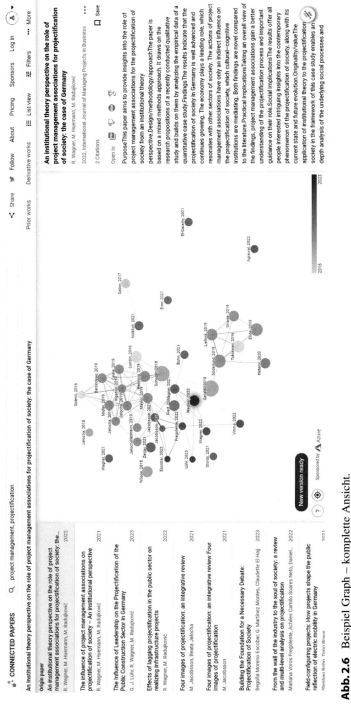

**Abb. 2.6** Beispiel Graph – komplette Ansicht.
(Quelle: Screenshot Connected Papers)

**Prompt:**

Hi ChatGPT! Du bist ein Architekt. Im Rahmen Deines Jobs sollst Du eine Präsentation erstellen zum Thema „BIM im Zeitalter von KI". Bitte mache mir Vorschläge für Themen für insgesamt 10 Powerpoint-Folien (ohne Titel, Agenda und Schlussfolie). Die Präsentation darf nicht länger als 10 min dauern.

**Ergebnis:**

Sehr gerne! Hier sind 10 mögliche Themen für deine Präsentation zum Thema „BIM im Zeitalter von KI":

1. **Einleitung**
   Kurze Einführung in das Thema und Warum BIM (Building Information Modeling) für die Baubranche von Bedeutung ist.
2. **Was ist BIM?**
   Definition von BIM und eine Übersicht über die Grundprinzipien und -prozesse.
3. **Die Rolle von KI in der Baubranche**
   Erklärung des Aufkommens von KI in der Baubranche und wie sie den Umgang mit Bauinformationen revolutioniert.
4. **Vorteile von BIM und KI**
   Aufzeigen der Vorteile der Kombination von BIM und KI, wie verbesserte Effizienz, präzisere Analysen und optimierte Planung.
5. **Praktische Anwendungen von BIM und KI**
   Beispiele für reale Anwendungen, wie automatische Mengen- und Kostenberechnungen, virtuelles Design und Konstruktion, und automatische Fehlererkennung.
6. **Herausforderungen bei der Implementierung**
   Identifikation der Herausforderungen und Fallstricke bei der Einführung von BIM und KI in Unternehmen.
7. **Best Practices für die Integration**
   Vorstellung bewährter Methoden für eine erfolgreiche Integration von BIM und KI in bestehende Arbeitsabläufe.
8. **Zukunftsaussichten**
   Welche Entwicklungen und Trends in Bezug auf BIM und KI sind in der Baubranche zu erwarten?
9. **Fallstudien**
   Vorstellung von Fallstudien, die den erfolgreichen Einsatz von BIM und KI in verschiedenen Bauprojekten zeigen.
10. **Ausblick und Zusammenfassung**
    Zusammenfassung der Hauptpunkte und ein Ausblick auf die Zukunft von BIM im Zeitalter von KI.

Diese Themen können dir helfen, einen umfassenden und informativen Überblick über das Thema „BIM im Zeitalter von KI" zu geben und gleichzeitig innerhalb der 10-min-Zeitgrenze zu bleiben.◀

Hilfreiche Tools zum KI-unterstützten Schreiben im deutschsprachigen Raum sind:

- ChatGPT
- Neuroflash (auf deutsche Texte spezialisiert)

**KI Bild Generatoren – Beispiel Musavir.ai**
Heutzutage können nicht nur Literaturrecherchen durch KI unterstützt werden oder Texte geschrieben, sondern es können auch Bilder generiert werden. Ein Beispiel dafür ist der Bildgenerator Musavir.ai. Die rechtliche Situation ist noch offen, wie die Verwendung der generierten Bilder gehandhabt wird. Trotzdem eine Möglichkeit, individuelle Bilder für Präsentationen, Blogartikel etc. zu erstellen (Abb. 2.7).

Mit folgendem Prompt wurde mit Musavir.ai dieses Bild erstellt:

„In the spring, green mountains and flowers bloom in colorful tulips, purple peach blossoms, and pink plum trees. Yellow chrysanthemums bloom on hillsides along with red roses. A blue sea of clouds hangs over small houses scattered among the flowers. The sun rises from behind foggy mountain peaks, casting warm light over everything. The sky is colorful in the style of high definition photography."

**Abb. 2.7**   Beispiel für ein KI generiertes Bild.
(Quelle: Mousavir.ai)

### 2.2.3  Prompts selbst erstellen

Wenn Sie eine KI wie ChatGPT verwenden, haben Sie möglicherweise bemerkt, dass einige Anfragen sehr allgemeine Ergebnisse liefern, während andere genau das liefern, was Sie benötigen. Um eine KI effektiv zu nutzen, müssen Sie nur eine Formel erlernen – die 6-stufige Prompt-Formel.

Alle sechs Phasen dieser Formel sind essenziell für das ideale Ergebnis und stellen die geheime Zutat dar.

Im Folgenden erfahren sie, wie Sie diese präzise Formel korrekt in Ihren Anfragen anwenden können. Die Reihenfolge der sechs Phasen ist ebenso wichtig wie ihre Identifizierung, und je nach gewünschtem Ergebnis sollten Sie den entsprechenden Schritten Priorität einräumen. Nicht alle Phasen der Prompt-Formel sind für jedes Ziel notwendig, daher ist es wichtig, dies zu berücksichtigen.

Denken Sie an die Struktur einer Checkliste – je mehr Kriterien Sie erfüllen, desto besser wird das Ergebnis sein.

1. **Die Aufgabe**
   Die Anweisung, die sie der KI geben, was zu tun ist, stellt den Kern Ihres Prompts dar. Beginnen Sie Ihren Satz immer mit einem Aktionsverb wie „generieren", „schreiben" oder „analysieren", um die besten Ergebnisse zu erzielen. Unabhängig davon, ob es sich um eine einfache Aufforderung oder eine komplizierte, mehrstufige Anweisung handelt, erklären Sie klar und deutlich Ihr Endziel. Es ist wichtig, dass Ihre Anweisungen präzise und prägnant sind, damit die KI Ihre Anforderungen verstehen kann.

2. **Der Kontext**
   Der Kontext dient als Hintergrund für Ihre Eingabeaufforderung und liefert der KI relevante Informationen zur Optimierung der Ergebnisse. Es ist wichtig, das KI-Tool so umfangreich wie möglich mit Kontext zu versorgen, damit es Sie und Ihre Anforderungen besser verstehen kann. Obwohl es herausfordernd sein kann, den passenden Hintergrund für die KI festzulegen, können Sie damit beginnen, indem Sie sich die folgenden drei wichtigen Fragen stellen:
   Was ist die Geschichte des Benutzers? Was führt zum Erfolg? In welchem Umfeld befinden sie sich?

3. **Beispiele geben**
   Betrachten Sie Beispiele als Rahmen, die die Art und Weise verbessern, welche Ergebnisse die KI ausgibt. Eine KI kann den Ton, die Struktur und den Stil von fast allem imitieren dank der Beispiele. Studien zeigen, dass die Angabe von Beispielen in Ihrer Aufforderung die Qualität der Antwort erheblich verbessern kann.

4. **Zuweisung einer Persona**
   Bei zum Beispiel ChatGPT wird eine Persona als die Verkörperung eines spezifischen Charakters oder Fachbereichs betrachtet. Stellen Sie sich vor, Sie könnten sofort

Zugang zu einem Fachexperten für Ihre Aufgabe erhalten. Dieser Experte könnte etwa ein erfahrener Architekt mit über 20 Jahren Berufserfahrung sein. Oder wenn Sie auf Jobsuche sind, könnte es sich um einen Personalchef handeln, der nach neuen Teammitgliedern sucht. Obwohl dies der geringfügigste der sechs Schritte ist, erweist sich diese KI-Technik dennoch als äußerst effektiv.

Durch die Zuweisung einer Persona wird das Modell angewiesen, aus einer bestimmten Perspektive zu denken und zu reagieren, verschiedene Blickwinkel zu berücksichtigen, was die Art und Qualität der Antwort erheblich beeinflussen kann.

Beispiel:
Sie sind ein Architekt, der sich auf KI-generierte Gebäudekonstruktionen spezialisiert hat. Bitte entwerfen Sie ein Konzept für einen Artikel über KI-generierte Wohnhäuser.

Für Jobsuchende:
Stellen Sie sich vor, Sie wären ein Personalchef in einem Fortune 500-Unternehmen. Bitte geben Sie mir zwanzig Fragen, die mir bei der Vorbereitung auf Vorstellungsgespräche helfen.

**Beispiele Personas**

- Abenteuerlicher Reiseführer
- Innovativer Produktdesigner
- Sachkundiger Historiker
- Geschickter Chef de Cuisine
- Vielseitiger Sprachübersetzer
- Unterstützende Lebensberaterin
- Einfallsreicher Projektkoordinator
- Einfühlsame Beraterin
- Kreativer Inhaltsverfasser
- Geschickter UX/UI-Designer
- Fachkundiger Finanzberater
- Technisch versierter Digital Marketer
- Aufmerksamer Marktforscher
- Strategischer Unternehmensanalyst
- Erfahrene Hochzeitsplanerin
- Agiler Produktverantwortlicher
- Profi-Fotograf
- Intuitiver Benutzer-Support-Spezialist
- Dynamischer Veranstaltungsorganisator
- Strategischer Lieferkettenmanager

- Geschickter Innenarchitekt
- Vielseitiger Musiker
- Kompetente Ernährungsberaterin
- Unterstützender Karriere-Coach
- Einfallsreicher Business Development Manager
- Einfühlsame Therapeutin
- Kreativer Video-Editor
- Analytischer Datenwissenschaftler
- Innovativer Produktmanager
- Aufmerksamer Marktanalyst
- Strategischer HR-Berater
- Agiler Trainer
- Professioneller Illustrator
- Intuitiver UX-Forscher
- Experte für Rechtsberatung
- Technisch versierter SEO-Spezialist
- Vielseitiger Projektingenieur
- Dynamischer Manager für soziale Medien◄

### 5. **Das Format**

Stellen Sie sich das gewünschte Ergebnis vor. Wenn Sie mit einer KI ein Format festlegen möchten, können Sie dies mit klaren Anweisungen tun. Möchten Sie einen Absatz, eine Tabelle oder Aufzählungspunkte? Teilen dies der KI in Ihrem Prompt mit.

Die KI verwendet Ihre Angaben, um das gewünschte Format Ihrer Ausgaben zu deklarieren und diese auf innovative Weise zu organisieren. Ob Sie einen Absatz, eine Tabelle oder Aufzählungspunkte bevorzugen, die KI wird diese Informationen von Ihrem Prompt verstehen und entsprechend umsetzen. Dadurch wird die Erstellung Ihrer Inhalte effizienter und präziser gestaltet.

**Beispiele Formate**

- Tabelle
- Liste
- Zusammenfassung
- Klartext
- JSON
- HTML
- CSV
- XML

- Markdown
- Bild
- Audio
- Video
- Aufzählungspunkte
- Tabellenkalkulation
- Langer Artikel◄

6. **Die Tonalität**

Der Ton verleiht der Antwort eine zusätzliche emotionale Kontextebene. Wenn Sie sich unsicher sind, welchen Tonfall Sie für Ihre Ausgabe wählen sollen, können Sie sich an Beispielen aus der Literatur oder anderen Texten orientieren. Versuchen Sie sich vorzustellen, wie Sie Ihre Botschaft gerne kommuniziert hätten und welchen Eindruck Sie beim Leser hinterlassen möchten. Ein passender Tonfall kann dazu beitragen, dass Ihre Mitteilung besser verstanden und positiv aufgenommen wird. Also scheuen Sie sich nicht davor, mit verschiedenen Nuancen zu experimentieren, um den perfekten Ton für Ihre Ausgabe zu finden.

**Beispiele Tonalität**

- Freundlich
- Spannend
- Aufregend
- Abenteuerlich
- Innovativ
- Hochmodern
- Zukunftsweisend
- Revolutionär
- Pionierhaft
- Wegweisend
- Fleißig
- Fortschrittlich
- Etabliert
- Stabil
- Beständig◄

**Zusammenfassung**

1. Legen Sie den Kontext fest: Legen Sie zunächst die Rolle fest, die ChatGPT spielen soll. Dies hilft bei der Festlegung der Erwartungen und bietet einen Bezugsrahmen für die generierten Antworten.
2. Vermitteln Sie der KI den Kontext.
3. Nennen Sie die Anforderungen: Geben Sie klar an, was Sie von ChatGPT benötigen, wie z. B. eine Empfehlung, Lösung oder eine Antwort. Dies hilft, den Fokus der Konversation einzugrenzen.
4. Definieren Sie die Aufgabe: Beschreiben Sie die spezifische Aufgabe oder Aktion, die ChatGPT ausführen soll. Dies schafft Klarheit über das gewünschte Ergebnis.
5. Geben Sie Details an: Geben Sie alle zusätzlichen Details oder Überlegungen an, die bei der Aufgabe berücksichtigt werden sollten.
6. Erwähnen Sie Einschränkungen: Geben Sie klar und deutlich an, welche Beschränkungen oder Einschränkungen zu beachten sind. Dadurch können Sie vermeiden, dass Antworten erzeugt werden, die nicht geeignet oder erwünscht sind.
7. Geben Sie das gewünschte Format an: Geben Sie das Format oder die Struktur an, in der Sie das Endergebnis präsentiert werden soll. So stellen Sie sicher, dass die generierte Ausgabe Ihren Erwartungen entspricht.
8. Geben Sie Beispiele an: Fügen Sie Beispiele ein, um ChatGPT einen Bezugspunkt zu geben und ihm zu helfen.

Denken Sie daran, dass die Zuweisung einer bestimmten Rolle an ChatGPT und die Erteilung klarer Anweisungen durch eine gut konstruierte Aufforderung die Chance erhöht, genaue und nützliche Antworten zu erhalten.

## 2.3    Ideen generieren

Siehe Abb. 2.8.

### 2.3.1    Themenfindung leicht gemacht mit Kreativitätstechniken

**Design Thinking Einführung**

Design Thinking ist eine Methode zur Förderung von Innovationen, die sich auf die Nähe zu den Nutzern, das gründliche Verständnis der Probleme und die Zusammenarbeit in interdisziplinären Teams konzentriert. Es werden Lösungsansätze erarbeitet, die auf einem umfassenden Verständnis der Stakeholder und Kunden basieren, um Services und Produkte unterschiedlicher Größenordnung für sie zu entwickeln. Design Thinking

**Abb. 2.8** Ideen generieren – Interpretation von neuroflash AI.
(Quelle: neuroflash AI)

ist eine kooperative, iterative und an den Bedürfnissen der Nutzer ausgerichtete Innovationsmethode, welche sich auf die Denk- und Arbeitsweise von Designern stützt. Das Ziel dieses Ansatzes besteht darin, kreative Ideen hervorzubringen sowie innovative Lösungen zu entwickeln durch Interaktion mit den Nutzern und Durchlaufen eines iterativen Prozesses inklusive Kontextverständnis, Problemdefinition, Ideengenerierung sowie Entwicklung und Test von Prototypen. Im Gegensatz zur reinen Erfindung setzt Innovation voraus, dass ein Produkt nur dann als innovativ betrachtet werden kann, wenn es von der Zielpersonengruppe am Markt akzeptiert wird. Daher beginnt die Suche nach Innovationen bei den Nutzern als potenzielle Zielgruppe [5].

Die Methode basiert auf drei zentralen Elementen. Erstens, flexible Arbeitsräume einzurichten, die eine effiziente Zusammenarbeit der Teammitglieder ermöglichen. Dazu gehören etwa Steharbeitsplätze, die Verwendung von Whiteboards und mobilen Möbeln zur Anpassung des Raums an individuelle Bedürfnisse. Nur in einer Umgebung, die kreatives Denken fördert, können auch wirklich kreative Ideen entstehen.

Die zweite Säule umfasst einen strukturierten Arbeitsprozess im Team mit abwechselnden Phasen von Öffnen und Schließen. Dadurch wird sichergestellt, dass alle Teammitglieder stets wissen, in welcher Phase sie arbeiten, welche Aufgaben bevorstehen und gemeinsam auf ein gemeinsames Ziel hinarbeiten.

Die dritte Säule legt den Fokus auf eine kreative und ganzheitliche Lösungsfindung durch das interdisziplinäre Zusammenspiel verschiedener Charaktere im Team. Die strukturellen Elemente sind optimal ausgerichtet und durch spezielle Brainstorming-Methoden kann die gesamte Expertise sowie Kreativität des Teams vollständig zum Einsatz kommen [6].

Der Design Thinking Prozess läuft in drei Schritten ab[7]:

a. Kontext verstehen und Problem definieren
b. Ideen finden und Prototyp bauen
c. Prototyp testen und Gelerntes umsetzen

**Weitere Kreativitätstechniken**

Um Ideen zu generieren und weiterzuentwickeln, stehen Ihnen diverse kreative Methoden zur Verfügung. Im Anschluss finden Sie eine Zusammenstellung bewährter Verfahren. Eine detaillierte Erklärung dieser Methoden wie beispielsweise des Design Thinking würde den Rahmen dieses Buches jedoch sprengen [3].

1. Beim *Mindmapping* wird Ihr räumlich-visuelles Denken gefördert und eröffnet Ihnen neue Perspektiven. Indem Sie Ihr Thema visuell darstellen, können Sie es anders strukturieren, die Hauptpunkte hervorheben, neue Verbindungen herstellen und zusätzliche Aspekte beleuchten. Aufgrund der offenen Struktur von Mindmaps lassen sie sich später auch noch erweitern [3].
2. Die *Denkhüte von de Bono* und die *Denkstühle von Disney* ermöglichen es Ihnen, Ihr Problem aus verschiedenen Perspektiven zu betrachten. Dabei werden alle relevanten Aspekte berücksichtigt, was effektiver ist als direktes Nachdenken darüber. Durch das Einnehmen spezifischer Rollen und Standpunkte können Sie spielerisch vorgehen und Ihren Ideenhorizont erweitern [3].
3. Die *Osborn-Methode* kann Ihnen neue Wege aufzeigen, wenn herkömmliche Lösungsansätze für Ihr Problem bisher nicht zufriedenstellend waren [3].

Es existieren viele weitere Methoden zur Förderung der eigenen Kreativität. Möglicherweise entwickeln Sie sogar eine eigene Methode, die perfekt auf Ihre Bedürfnisse zugeschnitten ist – dies wäre ein innovativer Schritt. Es besteht auch die Möglichkeit, verschiedene Methoden miteinander zu kombinieren oder nacheinander anzuwenden. Seien Sie kreativ und experimentierfreudig in Ihrem Vorgehen [3].

## 2.3.2  Beim Schreiben Denken und umgekehrt

Wenn Sie sich hinsetzen und beginnen, Ihre Gedanken auf Papier festzuhalten, treten Sie in einen Dialog mit Ihren eigenen gedanklichen Aufzeichnungen. Diese Methode hilft Ihnen dabei, Ihr Denken zu strukturieren und fokussiert zu bleiben. Der Vorteil liegt darin, dass Sie mehrere Gedanken gleichzeitig erfassen können und die Verknüpfung der Gedanken bewusster und langsamer erfolgen kann [5].

Ohne die Nutzung von schriftlichen Notizen müssten alle Positionen im Kopf behalten werden, was die Denkleistung erschweren würde. Ähnlich wie ein Schachbrett beim Spiel unterstützt das Schreiben beim Entwickeln von Ideen. Heutzutage beeinflussen Medien unser Denken stark – sei es durch Computerspiele, Autofahren oder die Nutzung verschiedener Programme zur Informationsverarbeitung. Besonders elektronische Medien prägen unser Denken zunehmend, allen voran das Internet mit seiner Fülle an Informationen und Tools zur Unterstützung des Denkprozesses [5].

Durch Smartphones haben wir jederzeit Zugang zu Hilfsmitteln für unsere Gedankenarbeit. Diese bieten nicht nur externes Wissen in großem Umfang an, sondern erhöhen auch Sicherheit im Handeln sowie den Komfort des schnellen Abrufs von Informationen, ohne bestimmte Fähigkeiten wie Kartenlesen oder Kopfrechnen erlernen zu müssen [5].

Das Verfassen von Texten ist nicht bloß eine Möglichkeit Ideen festzuhalten, sondern vielmehr ein Prozess zum Ausarbeiten von Gedankengängen. Beim Schreiben entstehen neue Ideen nicht ausschließlich im Geist, sondern während des Niederschreibens selbst – indem man Geschriebenes betrachtet, modifiziert und damit seine Absichten klarer formuliert [5].

Schreiben dient hauptsächlich dazu, eigene Ideen auszuarbeiten sowie Überlegungen anderer schrittweise in den eigenen Text einzubinden. Keine andere Aktivität ist so effektiv für den Lernprozess wie das Verfassen von Texten, da es Lesefähigkeiten mit dem Reflektieren verbindet, um neues Wissen zu gestalten [5].

### 2.3.3 Eine Projektskizze erstellen

Erstellen sie eine Projektskizze für ihr Schreibprojekt, indem sie mögliche Inhalte sammeln. Ich benutze dafür das Tool Padlet oder auch Trello. Hier strukturiere ich die Inhalte und sammle nützliche Artikel, Bücher, Bilder und mehr.

Der Vorteil an diesen digitalen Systemen ist, dass sie flexibel sind. Sie können Punkte hin- und herschieben. Texte verändern. Dateien hochladen, Struktur schaffen und immer wieder neu ordnen. Für mich findet hier ein Teil des kreativen Prozesses statt. Zudem dient es mir dazu nichts zu vergessen. Wie schnell hat man eine Idee wieder vergessen? Diese Tools habe ich auf meinem Handy immer dabei. Meine Idee ist somit schnell in der App festgehalten und raus aus meinem Kopf (Abb. 2.9).

## 2.4 Die Kunst der Zielsetzung

„Wer nicht weiß, wo er hinwill, wird sich wundern, dass er woanders ankommt." – Mark Twain

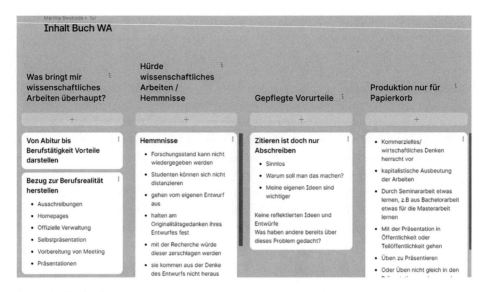

**Abb. 2.9** Beispiel Padlet.
(Quelle: Screenshot Padlet, eigene Darstellung)

Ein guter Text entsteht nicht einfach so aus dem Nichts. Jeder Schriftsteller, der ein Werk erschaffen möchte, weiß, dass der Schlüssel zum Erfolg darin liegt, von Anfang an ein klares Ziel vor Augen zu haben. Denn ohne ein definiertes Ziel kann ein Text schnell verwirrend oder bedeutungslos werden.

Die ersten Schritte sind daher entscheidend. Sie müssen sich bewusst machen, was sie mit ihrem Text erreichen wollen. Möchten sie den Leser zum Nachdenken anregen, informieren, unterhalten oder gar inspirieren? Diese Zielsetzung sollte am Anfang des Schreibprozesses festgelegt werden und als Leitfaden dienen. Sobald das Ziel klar definiert ist, kann mit dem Schreiben begonnen werden.

Jedes Wort, jeder Satz sollte darauf ausgerichtet sein, das Ziel des Textes zu erreichen. Doch die Umsetzung des Ziels ist oft einfacher gesagt als getan. Oftmals verlieren wir uns in Details oder den roten Faden aus den Augen. Um dies zu verhindern, ist es wichtig, immer wieder zu reflektieren, ob der Text noch auf Kurs ist.

Dabei kann Feedback von anderen Schriftstellern oder auch von Testlesern eine große Hilfe sein. Die Kunst der Zielsetzung ist somit der Schlüssel zu einem gelungenen Werk.

▶  **Tipp**
Wenn Sie sich im Klaren darüber sind, was für eine Art von Text sie schreiben wollen, einen Blogartikel, ein Buch oder einen wissenschaftlichen Artikel, dann starten sie mit der Literaturrecherche. Sehen Sie sich ähnliche Veröffentlichungen zu Ihrem Thema an. Sammeln Sie Material und erstellen Sie einen ersten Gliederungsentwurf. Diesen können Sie immer wieder anpassen, bis Sie zufrieden sind.

So haben Sie bereits die ersten Zeilen auf dem Papier und arbeiten gleichzeitig an Ihrem roten Faden.

## Literatur

1. Swoboda M (2021) Innovational Leadership: Netzwerk gewinnt. https://martinaswoboda.com/2021/05/29/digital-leadership-netzwerk-gewinnt/. Zugegriffen: 02. März 2024
2. Swoboda M (2023) Wissenschaftlich schreiben leicht gemacht: Ein Leitfaden für Architektur- und Designstudiengänge. Springer Fachmedien, Wiesbaden, S 4–5. https://doi.org/10.1007/978-3-658-42166-3
3. Bucher U, Holzweißig K, Schwarzer M (o. J.) Künstliche Intelligenz und wissenschaftliches Arbeiten – ChatGPT & Co: Der Turbo für ein erfolgreiches Studium. https://www.vahlen.de/bucher-holzweissig-schwarzer-kuenstliche-intelligenz-wissenschaftliches-arbeiten/product/365 17052. Zugegriffen: 09. März 2024
4. Wang S, Scells H, Koopman B, Zuccon G (2023) Can ChatGPT write a good Boolean query for systematic review literature search? Proceedings of the 46th international ACM SIGIR conference on research and development in information retrieval, Juli, S 1426–1436. https://doi.org/10.1145/3539618.3591703
5. Kruse O (2018) Lesen und Schreiben, 3. Aulf. utb, Stuttgart, S 67–85
6. Nöllke M (2020) Kreativitätstechniken, 8. Aufl. Haufe-Lexware, Haufe (Haufe TaschenGuide, 9), Freiburg im Breisgau
7. Vetterli C, Brenner W, Uebernickel F, Berger K (2012) Die Innovationsmethode Design Thinking. In: Lang M, Amberg M (Hrsg) Dynamisches IT-Management. So steigern Sie die Agilität, Flexibilität und Innovationskraft Ihrer IT. Symposon Publ, Düsseldorf, S 289–310. https://www.alexandria.unisg.ch/214442/

# Erstellung der verschiedenen Textarten 3

## 3.1 Klein beginnen – 10 Tipps zur Erstellung von Social-Media-Beiträgen für Anfänger

Siehe Abb. 3.1.

### 3.1.1 Social-Media Beiträge erstellen

Die Erstellung von Social-Media-Beiträgen kann gerade für Anfänger eine Herausforderung sein. In diesem Kapitel geht es um die Aspekte des Erstellungsprozesses und um Tipps für Anfänger, um qualitativ hochwertige Beiträge zu erstellen.

1. **Zielgruppenanalyse:** Bevor Sie einen Social-Media-Beitrag erstellen, ist es wichtig, Ihre Zielgruppe genau zu kennen und zu verstehen. Wer sind Ihre potenziellen Zuschauer? Welche Probleme haben sie? Welche Art von Inhalten interessiert sie? Durch eine gründliche Zielgruppenanalyse können Sie gezielt Inhalte erstellen, die ihre Interessen ansprechen und sie ansprechen.
2. **Konsistente Markendarstellung:** Eine konsistente Darstellung Ihrer Marke in Ihren Social-Media-Beiträgen ist entscheidend. Verwenden Sie ein einheitliches Design, Ihre Markenfarben und Ihr Logo, um Ihre Marke erkennbar zu machen. Dies trägt zur Stärkung Ihres Markenimages bei und sorgt dafür, dass Ihre Beiträge als Teil Ihrer Gesamtstrategie wahrgenommen werden.
3. **Kreatives und ansprechendes Storytelling:** Storytelling ist ein effektiver Weg, um Ihre Botschaft zu vermitteln und die Aufmerksamkeit der Zuschauer zu gewinnen. Verwenden Sie ansprechende, emotionale Geschichten, um Ihre Inhalte interessant

© Der/die Autor(en), exklusiv lizenziert an Springer Fachmedien Wiesbaden GmbH, ein Teil von Springer Nature 2025
M. Swoboda, *Einstieg ins Schreiben für Architekt:innen, Designer:innen und Ingenieur:innen*, https://doi.org/10.1007/978-3-658-46182-9_3

**Abb. 3.1** Autorin – Interpretation von neuroflash AI.
Quelle: neuroflash AI

und relevant zu machen. Machen Sie sie persönlich und vermitteln Sie Ihre Botschaft auf eine unterhaltsame und einprägsame Art und Weise.

4. **Verwendung hochwertiger Medien:** Die Qualität der Medien, die Sie in Ihren Social-Media-Beiträgen verwenden, ist entscheidend. Verwenden Sie hochwertige Fotos, Videos und Grafiken, um Ihren Inhalt visuell ansprechend zu gestalten. Achten Sie auf gute Beleuchtung, klare Bildqualität und eine angemessene Tonqualität in Ihren Videos.

5. **Klare Botschaften formulieren:** Ihre Botschaft sollte klar und prägnant sein. Vermeiden Sie lange und komplizierte Sätze und konzentrieren Sie sich darauf, Ihre Hauptbotschaft knapp zu formulieren. Verwenden Sie aussagekräftige Überschriften und Texte, um die Aufmerksamkeit der Zuschauer zu gewinnen und ihr Interesse zu wecken.

6. **Verwendung von Call-to-Actions:** Ein Call-to-Action ist eine wichtige Komponente eines Social-Media-Beitrags. Fügen Sie eine klare Handlungsaufforderung hinzu, die die Zuschauer dazu anregt, auf Ihren Beitrag zu reagieren. Dies könnte das Liken, Kommentieren oder Teilen des Beitrags sein. Stellen Sie sicher, dass Ihre Handlungsaufforderungen deutlich und ansprechend sind.

7. **Analyse und Anpassung:** Analysieren Sie regelmäßig die Leistung Ihrer Social-Media-Beiträge. Welche Beiträge erreichen Ihr Publikum am besten? Welche Art von Inhalten funktioniert am besten? Verwenden Sie diese Erkenntnisse, um Ihre zukünftigen Beiträge anzupassen und Ihre Strategie kontinuierlich zu verbessern.

8. **Planung und Zeitmanagement:** Eine gute Planung und effektives Zeitmanagement sind entscheidend für die Erstellung von Social-Media-Beiträgen. Erstellen Sie einen

Redaktionsplan, um Ihre Beiträge im vorauszuplanen und sicherzustellen, dass sie regelmäßig veröffentlicht werden. Setzen Sie sich klare Deadlines und nutzen Sie Tools zur automatisierten Veröffentlichung, um Ihre Beiträge im vorauszuplanen und Zeit zu sparen.

9. **Interaktion und Engagement fördern:** Der Erfolg von Social-Media-Beiträgen hängt auch von der Interaktion und dem Engagement Ihrer Zielgruppe ab. Stellen Sie sicher, dass Sie auf Kommentare und Fragen Ihrer Zuschauer zeitnah reagieren. Ermutigen Sie zur Interaktion, indem Sie Fragen stellen, Umfragen durchführen oder Nutzer auffordern, ihre Meinungen oder Erfahrungen zu teilen. Regelmäßige Interaktion fördert das Engagement und stärkt die Beziehung zu Ihrer Zielgruppe.

10. **Einbeziehung von User-generated Content:** Nutzen Sie das Potenzial von User-generated Content, um Ihre Beiträge aufzuwerten. Ermutigen Sie Ihre Zuschauer, ihre eigenen Fotos, Videos oder Erfahrungen im Zusammenhang mit Ihrer Marke oder Ihrem Produkt zu teilen. Dies stärkt nicht nur die Bindung zu Ihrer Zielgruppe, sondern erweitert auch Ihren Content-Pool und bietet vielfältige Perspektiven.

11. **Bleiben Sie auf dem Laufenden:** Social-Media-Trends und -Plattformen entwickeln sich ständig weiter. Halten Sie sich über neue Trends, Funktionen und Best Practices auf dem Laufenden. Lesen Sie Blogs, Fachartikel oder nehmen Sie an Webinaren oder Konferenzen teil, um Ihre Kenntnisse und Fähigkeiten kontinuierlich zu erweitern.

Die Erstellung qualitativ hochwertiger Social-Media-Beiträge erfordert Zeit und Übung. Beachten Sie diese Tipps und stellen Sie sicher, dass Sie Ihre Zielgruppe kennen, Ihre Marke konsistent präsentieren, visuell ansprechende Inhalte verwenden und Ihre Botschaft klar vermitteln. Experimentieren Sie, lernen Sie aus Ihren Erfahrungen und passen Sie Ihre Strategie entsprechend an. Mein Call-to-Action für sie ist, sich ansprechende Social Media Posts zum Vorbild zu nehmen und ihre eigenen Post in derselben Art und Weise zu gestalten. Sie werden über kurz oder lang ihren eigenen Stil entdecken.

## 3.1.2   Social-Media Marketing

Die Welt der sozialen Medien ist heutzutage ein fester Bestandteil des Marketings. Über soziale Medien können Sie direkt mit Ihrer Zielgruppe in Kontakt treten, neue Trends erkennen und den Traffic auf Ihrer Website steigern. Das Social-Media-Marketing bietet eine Vielzahl von Einsatzmöglichkeiten, die Marketer manchmal überfordern können.

In diesem Abschnitt geht es um Strategien und Maßnahmen, die sich messbar auf Ihr Unternehmen auswirken. Außerdem erfahren Sie, welche Trends Sie nicht verpassen sollten [1].

Social Media umfasst diverse Medien, in denen Menschen Informationen austauschen und miteinander interagieren [1]:

- Soziale Netzwerke wie Facebook, Instagram, Twitter usw.
- Videoplattformen wie YouTube, Vimeo usw.
- Blogs, darunter Corporate Blogs und Food Blogs.
- Foren und Bewertungsplattformen wie Kununu und Capterra.
- Messengerdienste wie WhatsApp und Facebook-Messenger.
- Open-Source-Plattformen wie Wikipedia.
- Musik- und Podcast-Plattformen wie Soundcloud, Spotify und iTunes.
- Sharing-Plattformen wie Slideshare, Scribd und Prezi.

Bevor Sie starten, sollten Sie sich fragen: Welche Ziele verfolgen Sie eigentlich mit Social-Media-Marketing? Und welche sozialen Plattformen nutzt Ihre Zielgruppe überhaupt?

Social-Media-Marketing beinhaltet die strukturierte Planung, Umsetzung und Überwachung sämtlicher Aktivitäten in den sozialen Medien, die auf übergeordnete Ziele ausgerichtet sind.

Präsent sein in den sozialen Medien und Social-Media-Marketing betreiben, sind zwei unterschiedliche Dinge. Gelegentlich einen Beitrag oder eine Story zu veröffentlichen, sporadisch ein Video auf YouTube hochzuladen oder unstrukturiert verschiedene Themen in den sozialen Medien anzusprechen, zählt NICHT als Social-Media-Marketing. Jede Handlung in den sozialen Medien sollte einen Zweck haben oder ein Ziel verfolgen. Bevor wir näher auf mögliche Ziele eingehen, betrachten wir die verschiedenen Facetten des Social-Media-Marketings [1]:

1. Social Listening beinhaltet das aktive Überwachen deiner Social-Media-Kanäle hinsichtlich Erwähnungen deiner Marke, deiner Konkurrenten und relevanter Unternehmensthemen.
2. Social Influencing wird durch das Verbreiten von nützlichen Inhalten über einen Experten (Thought Leader) erreicht.
3. Im Fokus des Social Networking steht die Vernetzung mit glaubwürdigen Personen oder Marken, um eine Community aufzubauen und sich Earned Media (also verdiente Likes, Kommentare usw.) zu verschaffen.
4. Social-Media-Monitoring beinhaltet das Durchsuchen der sozialen Medien nach Informationen und Personen, die für ein Unternehmen von Bedeutung sein können.
5. Beim Social-Media-Advertising liegt der Schwerpunkt auf der Werbung für ein Unternehmen oder eine Marke über soziale Medien.

6. Social Selling mag wie Social-Media-Marketing klingen, ist jedoch ein spezieller Fall. Während im Social-Media-Marketing das Teilen von Marketing-Inhalten im Vordergrund steht (one-to-many-Ansatz), geht es beim Social Selling darum, direkten Kontakt zu bisher unbekannten potenziellen Kunden herzustellen.

### 3.1.3  In drei Schritten zu ihrem Social-Media Konzept

In drei klaren Schritten zu Ihrem Social-Media-Konzept Wenn es um Social Media geht, könnten wir Ihnen viele verschiedene Ansätze vorstellen, aber wir haben versprochen, auf den Punkt zu kommen. Deshalb konzentrieren wir uns auf genau drei Schritte:

1. Planung und Strategieentwicklung
2. Umsetzung
3. Kontrolle.

**Planung und Strategieentwicklung**
Der erste Schritt zur Erstellung eines Social-Media-Konzepts ist die Planung im Rahmen ihrer Gesamtstrategie. Das bedeutet schlichtweg: Analysieren Sie, wie Ihr Unternehmen derzeit im Bereich Social Media positioniert ist und wo es im Vergleich zur Konkurrenz steht. Die nachfolgenden Punkte werden Ihnen dabei helfen, eine Social-Media-Strategie zu entwickeln [1]:

1. Monitoring: Dies dient gewissermaßen als Ausgangspunkt, um ein aktuelles Stimmungsbild Ihres Unternehmens in den sozialen Medien zu erhalten. Finden Sie heraus, wie über Ihr Unternehmen im Internet gesprochen wird.
2. Zieldefinition: Was möchten Sie mit Social Media erreichen? Wie sollen Follower mit Ihrem Unternehmen interagieren? Und wie soll Ihr Unternehmen nach außen wirken? Laden Sie Kollegen oder Freunde aus dem Marketing und Vertrieb zu einem Kick-off-Workshop ein. Bereiten Sie eine Präsentation zu den verschiedenen Themen der Planung vor und suchen Sie nach kreativen Ansätzen, um gemeinsam Antworten auf noch offene Fragen zu finden – recherchieren Sie dazu bitte „Design Thinking" und „Cultural Probes". Das Ziel eines solchen Workshops sollte die gemeinsame Erarbeitung einer übergeordneten Strategie sein.
3. Auswahl der Kanäle: Die grundlegende Frage, die Sie sich vor einer Social-Media-Kampagne stellen sollten, lautet: Wo hält sich Ihre Zielgruppe überhaupt auf? Welcher Kommunikationsstil dominiert dort und passt dieser wiederum zu Ihrem Unternehmen?
4. Planung von Inhalten: Versetzen Sie sich in die Lage Ihrer Kunden: Welcher Content ist für sie relevant? Arbeiten Sie bereits mit einem Redaktionsplan, den Sie für Social Media erweitern könnten? Treffen Sie Entscheidungen: Wo und wann möchten Sie mit welchen Inhalten aktiv sein? Listen Sie die Maßnahmen in Ihrem Redaktionsplan auf.

**Umsetzung**

Sobald Ihre Social-Media-Strategie und Ihre Organisation festgelegt sind, ist es an der Zeit, aktiv zu werden – insbesondere bei der Auswahl der richtigen Portale:

- LinkedIn
- Xing
- Facebook
- Instagram
- YouTube
- Pinterest
- Tiktok
- Etc.

**Kontrolle**

Hier sind die wesentlichen Kennzahlen im Bereich Social-Media-Marketing, die Sie kennen sollten [1]:

- Kosten pro Aktion (CPA): Gesamte Werbeausgaben geteilt durch die Anzahl der gewonnenen Kunden
- Kosten pro Lead (CPL): Gesamte Werbeausgaben geteilt durch die Anzahl der generierten Leads
- Klickrate (CTR): Anzahl der Klicks geteilt durch die Anzahl der Impressionen einer Anzeige oder Handlungsaufforderung
- Kosten pro Klick (CPC): Gesamte Werbeausgaben geteilt durch die Anzahl der Klicks auf die Anzeige oder Kampagne
- Reichweite: Wie oft wurde ein Beitrag angezeigt, angesehen, geteilt, kommentiert, geliked etc.
- Konversionen: Käufe, Leads, Downloads
- Engagement-Rate: Anzahl der Kommentare, Likes, Shares im Verhältnis zur Anzahl der Fans/Follower
- Bewertungen & Rezensionen: Rückmeldungen aus Ihrer Community

Richten Sie Monitoring-Tools ein, um eine kontinuierliche Optimierung sicherzustellen, und planen Sie Zeit in Ihrem Kalender ein, um diese auch zu nutzen. Möglicherweise haben Sie jemanden in Ihrem Team, der diese Aufgabe übernehmen kann.

## 3.2 Die Entdeckung des eigenen Schreibstils

Die Welt der Literatur ist reich an einer Vielzahl von Schreibstilen, die Autoren auf faszinierende Weise nutzen, um ihre Geschichten zu erzählen und ihre Botschaften zu vermitteln. In diesem Kapitel werden verschiedene Schreibstile vorgestellt, um ihnen einen Einblick in die Vielfalt der literarischen Ausdrucksformen zu geben. Ebenso werden praktische Tipps und Anregungen gegeben, um ihnen dabei zu helfen, ihren eigenen Schreibstil zu entdecken (Abb. 3.2).

- **Der narrative Schreibstil:** Der narrative Schreibstil zeichnet sich durch die Erzählung von Geschichten aus. Autoren verwenden oft lebendige Beschreibungen, Dialoge und Handlungsfortschritte, um den Lesern ein fesselndes und mitreißendes Leseerlebnis zu bieten. Bekannte Beispiele für den narrativen Stil sind Romane, Kurzgeschichten und Memoiren. Um Ihren eigenen narrativen Schreibstil zu entwickeln, ist es wichtig, Übungen wie das Schreiben von Kurzgeschichten, das Festlegen von Charakteren und das Experimentieren mit verschiedenen Handlungsbögen zu praktizieren.
- **Der deskriptive Schreibstil:** Beim deskriptiven Schreibstil liegt der Fokus auf detaillierten Beschreibungen von Personen, Orten oder Szenarien, um eine lebendige Vorstellungskraft beim Leser zu erzeugen. Es werden oft Sinneswahrnehmungen wie Sehen, Hören, Riechen, Fühlen und Schmecken verwendet, um die Atmosphäre zu vermitteln und eine tiefere emotionale Erfahrung zu ermöglichen. Autoren können

**Abb. 3.2** Schreibstil entdecken inspiriert von Frida Kahlo – Interpretation von neuroflash AI

ihren deskriptiven Schreibstil entwickeln, indem sie bewusst ihre Umgebung beobachten und beschreiben, Charaktereigenschaften und essenzielle Merkmale von Orten oder Gegenständen erfassen.

- **Der sachliche Schreibstil:** Der sachliche Schreibstil zeichnet sich durch klare und präzise Formulierungen aus. Er wird oft in journalistischen oder wissenschaftlichen Texten verwendet, um Fakten oder Informationen effektiv zu vermitteln. Es ist wichtig, bei diesem Stil auf Genauigkeit zu achten und komplexe Sachverhalte verständlich darzustellen. Um den eigenen sachlichen Schreibstil zu entwickeln, sollten Autoren sachliche Texte analysieren, Informationen recherchieren und lernen, klar und präzise zu formulieren.
- **Der lyrische Schreibstil:** Der lyrische Schreibstil betont die emotionale und poetische Ausdrucksweise. Er verwendet oft metaphorische Sprache, Rhythmus und Bilder, um Gefühle und Stimmungen zu transportieren. Lyrische Texte wie Gedichte oder Lieder können als Inspiration dienen, um den eigenen lyrischen Schreibstil zu entwickeln. Autoren können mit verschiedenen Stilmitteln experimentieren, wie zum Beispiel der Verwendung von Symbolen, Alliterationen oder spezifischen rhythmischen Mustern.

Die Entdeckung des eigenen einzigartigen Schreibstils erfordert Zeit und Experimentieren. Hier einige praktische Tipps, um Ihnen dabei zu helfen:

- Lesen Sie vermehrt, um sich mit verschiedenen Schreibstilen vertraut zu machen.
- Führen Sie Schreibübungen durch, um Ihren Schreibfluss zu verbessern und verschiedene Techniken auszuprobieren.
- Seien Sie mutig und vertrauen Sie auf Ihre eigene Stimme und Kreativität.
- Experimentieren Sie mit verschiedenen Stilen und Formaten, um Ihren ganz eigenen Ausdruck zu finden. Mixen sie die Schreibstile.
- Nehmen Sie sich Zeit, um Ihre eigenen Texte zu überarbeiten und zu verfeinern. Seien Sie offen für Feedback und lernen Sie kontinuierlich dazu.

Indem Sie verschiedene Schreibstile erkunden, können Sie einen einzigartigen und eigenen Schreibstil entwickeln. Lassen Sie Ihrer Kreativität freien Lauf und genießen Sie die Reise.

## 3.3    Das Flaggschiff im Internet: Ihre Website – Die Bedeutung von Website-Texten

Ihre Webseite spielt eine entscheidende Rolle im Internet. Hier finden Besucher alle relevanten Informationen zu den Fragen „Wer sind Sie, was tun Sie und wo kann man Sie finden?" Eine eigene Webseite ist heutzutage unerlässlich, insbesondere für Selbstständige und Unternehmerinnen (Abb. 3.3).

**Abb. 3.3** Ihr Flaggschiff im Internet – Interpretation von neuroflash AI

Ihre Webseite dient als digitale Visitenkarte und informiert über Ihre Person, Ihre Mission, Ihre Geschichte, Ihre Produkte, Partner und Dienstleistungen, Ihr Team, Ihre Referenzprojekte und zufriedene Kunden. Sie ermöglicht Besuchern den direkten Kontakt zu Ihnen, bietet Kontaktinformationen, ein E-Mail-Formular, Anfahrtsbeschreibungen und Öffnungszeiten.

Interessierte können sich für einen E-Mail-Newsletter anmelden oder kostenfreie Inhalte herunterladen. Ihre Webseite spiegelt Ihr persönliches Markenzeichen wider und ist entsprechend Ihrem individuellen Design gestaltet, mit Ihren Farben und Schriftarten.

Zudem bietet sie einen Event-Kalender sowie zusätzliche Informationen wie die FAQ. Als Portal verweist sie auf all Ihre Social-Media-Präsenzen wie YouTube, Facebook, Instagram, LinkedIn und auf Ihren Blog – sofern dieser nicht Teil der Webseite ist.

Es ist äußerst wichtig, dass Ihre Webseite stets auf dem neuesten Stand gehalten und regelmäßig aktualisiert wird. Eine vernachlässigte Website mit veralteten Inhalten kann ein negatives Image nach außen hin vermitteln. Beachten Sie ein responsives Design und eine klare Struktur, um sicherzustellen, dass die gesuchten Informationen leicht auffindbar sind. Eine professionelle Gestaltung sollte mit schnellen Ladezeiten einhergehen. Des Weiteren sind ein Impressum und eine Datenschutzerklärung unerlässlich, um gesetzliche Anforderungen zu erfüllen. Bei der Auswahl der Domain sollten Sie in Betracht ziehen,

Ihren eigenen Namen zu verwenden, um flexibel in der zukünftigen Entwicklung Ihrer Geschäftsfelder zu sein.

Die Texte auf ihrer Website spielen eine entscheidende Rolle bei der Kommunikation mit den Besuchern und beeinflussen maßgeblich deren Erfahrung. Es ist daher unerlässlich, sorgfältig über die Gestaltung und den Inhalt der Texte nachzudenken. In diesem Abschnitt geht es um die Bedeutung von Website-Texten, um wertvolle Tipps zur Erstellung dieser und um häufig gemachte Fehlern.

Zudem sind die Texte einer Website das Aushängeschild des Unternehmens und sollten daher klar, präzise und ansprechend formuliert sein. Sie sollten die Besucher informieren, motivieren und zum Handeln anregen. Dabei ist es wichtig, eine klare Struktur zu schaffen und die Sprache verständlich zu halten. Vermeiden Sie Fachjargon oder unnötig komplizierte Ausdrücke, um eine breite Zielgruppe anzusprechen. Gut strukturierte Texte mit kurzen Absätzen, Überschriften und Bullet Points erleichtern es den Besuchern, die Informationen schnell zu erfassen und zu verstehen.

Ein weiterer wichtiger Aspekt ist die Suchmaschinenoptimierung (SEO). Durch die gezielte Verwendung von relevanten Keywords können die Website-Texte besser von Suchmaschinen gefunden werden. Achten Sie darauf, die Keywords natürlich in den Textfluss zu integrieren und Übertreibungen zu vermeiden. Eine zu hohe Keyword-Dichte wirkt sich negativ auf das Ranking aus.

Um Klicks anzulocken, ist es wichtig, ansprechende Überschriften und Call-to-Actions zu verwenden. Diese sollten die Besucher dazu ermutigen, weiterzulesen oder eine Aktion auf der Website auszuführen, wie beispielsweise das Ausfüllen eines Kontaktformulars oder der Kauf eines Produkts.

Bei der Erstellung von Website-Texten sollten auch die Rechtschreibung und Grammatik beachtet werden. Fehlerhafte Texte wirken unprofessionell und können das Vertrauen der Besucher beeinträchtigen. Nutzen Sie daher Rechtschreibprüfungen und lassen Sie die Texte gegebenenfalls von einer zweiten Person korrigieren.

Zusammenfassend ist die Qualität der Website-Texte ein entscheidender Faktor für den Erfolg einer Website. Durch die sorgfältige Planung, Gestaltung und Überprüfung der Texte können Sie sicherstellen, dass Ihre Website die gewünschte Wirkung erzielt und die Besucher positiv anspricht.

## 3.4    Blogartikel schreiben

### 3.4.1    Wie sie erfolgreich einen Blogartikel schreiben

Einen erfolgreichen und viel gelesenen Blogartikel zu verfassen, erfordert ein gewisses Maß an planerischer und kreativer Fähigkeit.

In diesem Unterkapitel werden wir auf die einzelnen Schritte eingehen, die dabei helfen können, einen qualitativ hochwertigen Blogbeitrag zu erstellen.

1. Ein guter Blogartikel beginnt mit einem interessanten Thema. Es ist wichtig, ein Thema zu wählen, das relevant ist und das Interesse der Leser weckt. Machen Sie eine Recherche, um zu sehen, welche Themen bereits populär sind und was Ihre Leser interessieren könnte.

2. Zielgruppe definieren: Bevor Sie mit dem Schreiben beginnen, sollten Sie sich überlegen, für wen der Blogartikel gedacht ist. Definieren Sie ihre Zielgruppe und passen Sie Ihren Schreibstil und Inhalt entsprechend an.

3. Strukturieren: Ein gut strukturierter Blogartikel ist leichter zu lesen und vermittelt die Informationen auf eine klare und verständliche Weise. Teile den Artikel in Einleitung, Hauptteil und Schluss auf und untergliedere den Text mit Untertiteln.

4. Schreibstil: Ihr Schreibstil sollte zum Thema und Ihrer Zielgruppe passen. Vermeiden Sie mit viel Fachchinesisch zu schreiben, es sei denn, Ihr Blog richtet sich an ein spezialisiertes Publikum. Sein Sie präzise, klar und vermeiden Sie Füllwörter.

5. Recherche: Stellen Sie sicher, dass Ihre Informationen korrekt und aktuell sind. Führen Sie eine gründliche Recherche durch und belegen Sie Ihre Aussagen mit vertrauenswürdigen Quellen.

6. Einzigartigkeit: Sein Sie kreativ und bringen Sie Ihre eigenen Gedanken und Ideen in den Blogartikel ein. Vermeiden Se es, Inhalte einfach zu kopieren oder zu paraphrasieren. Ihr Beitrag soll einzigartig und persönlich sein.

7. Call-to-Action: Am Ende des Blogartikels sollten Sie Ihre Leser zu einer Handlung anregen, z. B. einen Kommentar zu hinterlassen, ein Produkt zu kaufen oder deinen Newsletter zu abonnieren. Ein guter Call-to-Action kann die Interaktion mit Ihren Lesern fördern.

8. Persönlich und privat: Stecken Sie für sich ab, was für Sie persönlich und was privat ist. Hier gibt es einen großen Unterschied. Private Dinge veröffentlichen Sie nie in Ihrem Blog oder auf Ihrer Website. Denn denken Sie daran, alles, was im Netz veröffentlicht wurde, ist dort für immer sichtbar. Überlegen Sie sich, wieviel Sie von sich zeigen wollen und was lieber privat bleibt. Denken Sie darüber nach, was andere von Ihnen erfahren sollen. Was ist Ihrem Erfolg dienlich?

9. Fehler, die vermieden werden sollten:
    Plagiate: Kopieren Sie niemals Inhalte von anderen Quellen ohne entsprechende Erlaubnis oder Quellenangabe.
    Unklare Struktur: Ein unstrukturierter Blogartikel kann verwirrend für die Leser sein. Achten Sie darauf, dass Ihr Text logisch aufgebaut ist.
    Langweiliger Schreibstil: Vermeiden Sie es, Ihre Leser zu langweilen. Halten Sie den Text interessant und ansprechend.
    Fehlende Recherche: Falsche Informationen können Ihre Glaubwürdigkeit untergraben.

Indem Sie diese Schritte befolgen und Fehler vermeiden, können Sie leichter Hand einen ansprechenden und informativen Blogartikel verfassen.

## INNOVATIONAL LEADERSHIP: EFFIZIENZ GEWINNT [2]

Wie erreichen wir in unserer schnelllebigen Zeit effektiv unsere Ziele. Meine Antwort ist: Mit Pragmatismus und Perfektionismus. Sie können Ihr Erfolgs – Booster sein. Klingt interessant? Super. Wie Sie diese beiden Freunde nutzen können erfahren sie in diesem Artikel.

In meiner Kindheit wurde mir beigebracht, dass es nur das eine oder das andere gibt. Mir leuchtete es schon früher nicht ein. Entweder-oder basiert auf einem ausschließenden, absoluten Konzept. Ich stehe für das „Sowohl als auch Prinzip". Dieses ist einschließend und integrierend. In der Integration liegt das Geheimnis ungenutzten Potenzials.

Kommen wir zurück zu den zwei Freunden Pragmatismus und Perfektionismus. Die Frage, die sich für mich stellt, ist nicht die nach „entweder-oder". Sondern nach dem Timing.

Der richtige Zeitpunkt spielt die entscheidende Rolle in der Beziehung Pragmatismus und Perfektionismus. Um ein Projekt vorwärtszubringen und zu realisieren benötigen Sie den nötigen Pragmatismus. Schauen Sie sich erfolgreiche Startups an. Diese jungen Unternehmen gehen disruptive Wege. Das heißt, sie gehen mit ihren ersten Prototypen auf den Markt. Der Markt gibt Feedback für Verbesserungen. Und diese werden nach und nach eingearbeitet. Bis das Produkt „perfekt" ist.

Können Sie nun bereits sehen wie Pragmatismus und Perfektionismus zusammenspielen? Das eine schließt das andere nicht aus. Beides begünstigt sich gegenseitig. Wie ein diverses Team. Der Dreh und Angelpunkt ist das Timing. Wann ist Pragmatismus angesagt? Wann darf der Perfektionist ans Ruder? Beides hat seine Berechtigung und ist wichtig für Ihren Erfolg und die Kundenzufriedenheit.

Perfektion an den Anfang eines Prozesses oder der Entwicklung eines neuen Produktes zu stellen, führt nirgendwo hin. Beispiele dafür sind Projekte, die nicht aus dem Entwicklungsstadium rauskommen. Hier wird nach einer fiktiven Perfektion gesucht. Am Ende hat die angestrebte Perfektion meist nichts mit den Kundenwünschen zu tun. Der Perfektionsgedanke entspricht der Sicht des Entwicklers. Nicht der des Kunden. Die Kundenwünsche und Bedürfnisse zu erfüllen ist jedoch maximal wichtig für den Erfolg Ihres Produktes. Selbst wenn Sie ein perfektes Produkt haben, jedoch keine Nachfrage besteht, werden Sie scheitern.

Disruption und Pragmatismus sind genau richtig bei der Einführung von neuen Produkten und Prozessen. Sie eröffnen Ihnen mehr Flexibilität auf Marktanforderungen und bisher nicht betrachtete Dinge zu reagieren. Das ist ein großer Vorteil.

Die Perfektion kommt ins Spiel, wenn Sie die Basis bereitet haben. Wenn Sie ein solides Produkt entwickelt haben. Eines, dass die Kundenanforderungen erfüllt. Dann überlegen Sie, wie Sie Ihr Produkt noch innovativer gestalten können. Sie überlegen was Ihren ureigenen USP ausmacht. Die Abhebung vom Markt. Der besondere Kundennutzen den nur Sie bieten können.

Stellen Sie sich vor sie haben ein Datenplattform etabliert. Sie haben gut verkauft und führen aktuell dafür Schulungen durch.

Was können Sie hier verbessern um sich vom Markt abzuheben?

Nutzen sie das Feedback Ihrer Kunden, um ihre Plattform zu verbessern. Schauen sie sich bei Ihren Konkurrenten um. Bringen Sie in Erfahrung was dort bereits als normale Leistung vorausgesetzt wird. Und packen Sie etwas obendrauf. Seien Sie kreativ und innovativ. Hier gibt es keine Grenzen. Es sollte sich von selbst verstehen, dass Sie diesen zusätzlichen Service für ihren Kunden kostenlos anbieten.

Sie werden jetzt denken:" Oh was sagt sie denn da! Das verursacht für uns nur Kosten." Falls Sie solche Gedanken haben möchte ich Ihnen sagen: Das ist der erste Schritt. Ich habe anfangs genauso gedacht.

Unsere heutige Zeit lässt jedoch nur die an die Spitze, die bereit sind sich fortzubilden, um den Kunden etwas zu bieten und mit den digitalen Trends zu gehen.

Probieren sie es aus. Zusammenfassend gesagt. Richtiges Timing von Pragmatismus und Perfektionismus führen unweigerlich zu Erfolg. In diesem Sinne, fröhliches Ausprobieren!

Für mehr Inspiration schauen Sie auf meinem **YouTube Channel** vorbei, hören Sie meinen **Podcast** oder erwerben Sie mein **Buch** [2].◄

### 3.4.2 Geben Sie Ihrem Text Struktur

Welche Inhalte sollten in einem Artikel enthalten sein und wie sollten sie präsentiert werden? Es ist von großer Bedeutung, dass die Artikel klar, wahr und verständlich verfasst sind. Es empfiehlt sich, Fakten von Meinungen zu trennen und sich auf einen spezifischen Aspekt zu fokussieren, anstatt zu viele Ideen zusammenzuführen. Falls Sie viele Gedanken haben, wäre es sinnvoll, eine Serie von Artikeln zu planen. Ein roter Faden sollte sich durch den gesamten Text ziehen. Bei umfangreicheren Texten kann ein Inhaltsverzeichnis hilfreich sein.

Die Struktur des Textes sollte einfach gehalten werden: Eine einleitende Passage, die das Interesse des Lesers weckt, einen Hauptteil und einen Abschluss mit einer Zusammenfassung oder einer Handlungsaufforderung, insbesondere bei Blogbeiträgen. Erzählen Sie Ihren Lesern Geschichten. Wir alle hören sie gerne und können uns so besser identifizieren.

Die Überschrift spielt eine entscheidende Rolle dabei, das Interesse der Leser zu wecken und sie dazu zu motivieren, den Beitrag zu lesen. Speziell bei Online-Texten durchsuchen Suchmaschinen die Überschriften nach relevanten Schlüsselbegriffen. Daher empfiehlt es sich, wichtige Begriffe bereits in die Überschrift einzubinden, um mehr Besucher auf die Webseite zu locken. Es ist jedoch essenziell, dass die Schlüsselbegriffe auch tatsächlich im Kontext des Artikels stehen. Andernfalls könnte Ihr Blog von Suchmaschinen als Spam eingestuft werden und somit schwerer auffindbar sein. Fragen sie sich: An welcher Stelle wird der Leser emotional angesprochen? Welche Probleme löst mein Beitrag für ihn? Warum sollte er/sie weiterlesen? Welchen Nutzen zieht er aus dem Beitrag? Das Grundprinzip lautet: Halten Sie den Text kurz und einfach! Gestalten Sie Ihren Text nicht nur inhaltlich, sondern auch optisch ansprechend. Verwenden Sie kurze Sätze, kurze Absätze, Zwischenüberschriften, Schlüsselwörter in Fettdruck, Aufzählungen und passende Bilder. Auf diese Weise wird das Lesen zum Vergnügen.

Die Zwischenüberschriften haben die Funktion, das Interesse der Leser für die folgenden Inhalte zu wecken. Wenn also eine Zwischenüberschrift eingefügt wird, sollte sie thematisch auf den darauffolgenden Absatz verweisen.

Und bitte denken Sie daran: Verwenden Sie klare Sprache! Wenn Fachbegriffe unvermeidbar sind, nehmen Sie sich die Zeit, sie zu erläutern.

### 3.4.3   KI unterstützt Blogartikel schreiben

Wenn sie sich Unterstützung von einem KI-Tool zum Schreiben eines Blogartikel holen möchten, können sie wie folgt vorgehen.

Geben sie der KI nacheinander die in den nachfolgenden Beispielen dargestellten Anweisungen.

Am Ende sollten Sie das Ergebnis sorgfältig überprüfen und anpassen. Es ist nicht zu empfehlen einen KI-generierten Text ohne eigene Überarbeitung zu nutzen. Es verstecken sich zu häufig Fehler darin die Ihre Leser abschrecken würden. Aus meiner Erfahrung kann eine KI unterstützen aber nicht ihre Arbeit zu 100 % übernehmen. Denken Sie daran, bevor Sie einen KI-generierten Blogartikel veröffentlichen.

**Prompt Beispiel 1 – Blogartikel schreiben**

Anweisungen:

1. Generiere Ideen für einen Blogpost über (THEMA)
2. Kreiere 3 Blog Titel über (THEMA)
3. Generiere einen Einleitungstext für einen Blogpost über (THEMA)
4. Schreibe ein Inhaltsverzeichnis zu einem Blogpost über (THEMA)
5. Schreibe einen ausführlichen Blogabsatz über (GLIEDERUNG_1)
6. Schreibe eine Blogzusammenfassung über (GLIEDERUNG_1), (GLIEDERUNG_2), (GLIEDERUNG_3)◄

**Prompt:**

Schreibe mir einen Beitrag für meinen Blog zum Thema (THEMA). Die Tonalität sollte (TONALITÄT) sein. Schreibe sehr ausführlich und sprich den Leser mit (DU oder SIE) an. Schreibe den Beitrag als persönliche Geschichte und verwende die folgenden Schlüsselwörter: (SCHLÜSSELWÖRTER). Erstelle einen passenden, knappen Meta-Titel und eine Meta-Beschreibung und füge diese am Ende des Blogbeitrags ein.

**Beispiel Ergebnis:**

Meta-Titel: Nachhaltigkeit am Bau: Eine persönliche Geschichte und Perspektive

Meta-Beschreibung: Erfahre in diesem ausführlichen Blogbeitrag, wie nachhaltiges Projektmanagement und ESG-Prinzipien den Bau eines Hauses positiv beeinflussen können. Lerne die Bedeutung von Nachhaltigkeitsberichten und die Rolle einer verantwortungsvollen Baufirma kennen.

Als ich vor einigen Jahren beschloss, mein eigenes Haus zu bauen, war mir von Anfang an klar, dass Nachhaltigkeit für mich eine herausragende Rolle spielen sollte. Ich wollte nicht nur ein gemütliches Zuhause, sondern auch sicherstellen, dass der Bau des Hauses so umweltverträglich wie möglich war. Diese persönliche Geschichte soll erlebbar machen, wie nachhaltiges Projektmanagement und ESG-Prinzipien den Bau eines Hauses positiv beeinflussen können.

Der Bau meines nachhaltigen Hauses begann mit einer umfassenden Planung, die auf nachhaltigem Projektmanagement basierte. Dies umfasste die Auswahl der richtigen Materialien, den Einsatz erneuerbarer Energien und die Berücksichtigung der Umweltauswirkungen während der gesamten Bauphase. Eine verantwortungsvolle Baufirma mit Fachwissen in nachhaltiger Bauweise war dabei von entscheidender Bedeutung.

Die Baufirma, mit der ich zusammenarbeitete, hatte einen klaren Fokus auf Nachhaltigkeit und hielt sich an ESG-Prinzipien (Environmental, Social, Governance). Sie nutzten umweltfreundliche Baustoffe, bevorzugten regionale Lieferanten und reduzierten aktiv den Energie- und Wasserverbrauch während des Baus. Dieser Einsatz für Nachhaltigkeit hat mich überzeugt und eine vertrauensvolle Partnerschaft geschaffen.

Während des gesamten Bauprozesses wurde ein Nachhaltigkeitsbericht erstellt, der transparent über die ökologischen, sozialen und wirtschaftlichen Auswirkungen des Bauprojekts informierte. Der Bericht war ein wichtiges Instrument, um den Fortschritt hinsichtlich der Nachhaltigkeitsziele zu verfolgen und für Stakeholders zugänglich zu machen. Es war beeindruckend zu sehen, wie eine Baufirma ihre Verantwortung für Umwelt und Gesellschaft ernst nahm und sich aktiv für eine nachhaltige Zukunft einsetzte.

Durch den Einsatz nachhaltiger Baupraktiken und die Berücksichtigung von ESG-Prinzipien konnte mein Haus schließlich fertiggestellt werden. Das Ergebnis war nicht nur ein komfortables und energieeffizientes Zuhause, sondern auch ein Gefühl der Zufriedenheit darüber, meinen Teil zum Umweltschutz beigetragen zu haben.

Heute bin ich stolz auf mein nachhaltiges Haus und sehe es als Beitrag zur Zukunftsfähigkeit unserer Gesellschaft. Es ist wichtig, dass immer mehr Menschen in der Baubranche die Bedeutung von Nachhaltigkeit erkennen und entsprechende Maßnahmen ergreifen. Nur so können wir sicherstellen, dass auch kommende Generationen von ökologisch verträglichen und sozial verantwortungsvollen Lebensräumen profitieren.

Meine persönliche Geschichte soll als Aufruf dienen, auf nachhaltiges Projektmanagement zu setzen und sich für ökologische und soziale Ziele einzusetzen. Gemeinsam können wir einen positiven Beitrag leisten und sicherstellen, dass zukünftige Bauvorhaben nachhaltiger und umweltfreundlicher umgesetzt werden.

Meta-Titel: Nachhaltigkeit am Bau: Eine persönliche Geschichte und Perspektive Meta-Beschreibung: Erfahre in diesem ausführlichen Blogbeitrag, wie nachhaltiges Projektmanagement und ESG-Prinzipien den Bau eines Hauses positiv beeinflussen können. Lerne die Bedeutung von Nachhaltigkeitsberichten und die Rolle einer verantwortungsvollen Baufirma kennen.◄

### Prompt Beispiel 3 – Blogartikel überarbeiten

**Prompt:**

Ich gebe dir gleich einen Blogbeitrag. Bitte überprüfe ihn auf Grammatik-, Rechtschreib- und Stilfehler. Sag mir auch, ob er flüssig geschrieben, klar und kohärent ist und ob seine Formatierung den Regeln für Blogartikel entspricht:

Für dieses Beispiel wurde der Beispiel Blogartikel aus dem vorherigen Prompt übernommen um ihn nun durch ChatGPT verbessern zu lassen. In beiden Fällen wurde ChatGPT 3.5 verwendet.

**Ergebnis:**

Der Blogbeitrag sieht gut aus! Hier sind einige kleinere Verbesserungen:

Meta-Beschreibung: „[…] wie nachhaltiges Projektmanagement und die Anwendung von ESG-Prinzipien den Bau eines Hauses positiv beeinflussen können. Erfahren Sie mehr über die Bedeutung von Nachhaltigkeitsberichten und die Rolle einer verantwortungsvollen Baufirma."

Als ich vor einigen Jahren beschloss, mein eigenes Haus zu bauen, war mir von Anfang an klar, dass Nachhaltigkeit für mich eine herausragende Rolle spielen sollte. Ich wollte nicht nur ein gemütliches Zuhause, sondern auch sicherstellen, dass der Bau des Hauses so umweltverträglich wie möglich war. Diese persönliche Geschichte soll veranschaulichen, wie nachhaltiges Projektmanagement und ESG-Prinzipien den Bau eines Hauses positiv beeinflussen können.

Der Bau meines nachhaltigen Hauses begann mit einer umfassenden Planung, die auf nachhaltigem Projektmanagement basierte. Dies umfasste die Auswahl der richtigen Materialien, den Einsatz erneuerbarer Energien und die Berücksichtigung der Umweltauswirkungen während der gesamten Bauphase. Eine verantwortungsvolle Baufirma mit Fachwissen in nachhaltiger Bauweise war dabei von entscheidender Bedeutung.

Die Baufirma, mit der ich zusammenarbeitete, hatte einen klaren Fokus auf Nachhaltigkeit und richtete sich nach den Prinzipien von ESG (Environmental, Social, Governance). Sie setzten umweltfreundliche Baustoffe ein, bevorzugten regionale Lieferanten und reduzierten aktiv den Energie- und Wasserverbrauch während des Baus. Dieser Einsatz für Nachhaltigkeit hat mich überzeugt und eine vertrauensvolle Partnerschaft geschaffen.

Während des gesamten Bauprozesses wurde ein Nachhaltigkeitsbericht erstellt, der transparent über die ökologischen, sozialen und wirtschaftlichen Auswirkungen des Bauprojekts informierte. Der Bericht war ein wichtiges Instrument, um den Fortschritt hinsichtlich der Nachhaltigkeitsziele zu verfolgen und für Interessengruppen zugänglich zu machen. Es war beeindruckend zu sehen, wie eine Baufirma ihre Verantwortung für Umwelt und Gesellschaft ernst nahm und sich aktiv für eine nachhaltige Zukunft einsetzte.

Durch den Einsatz nachhaltiger Baupraktiken und die Beachtung von ESG-Prinzipien konnte mein Haus letztendlich fertiggestellt werden. Das Ergebnis war nicht nur ein komfortables und energieeffizientes Zuhause, sondern auch ein Gefühl der Zufriedenheit, meinen Beitrag zum Umweltschutz geleistet zu haben.

Heute bin ich stolz auf mein nachhaltiges Haus und sehe es als einen Beitrag zur Zukunftsfähigkeit unserer Gesellschaft. Es ist wichtig, dass immer mehr Menschen in der Baubranche die Bedeutung von Nachhaltigkeit erkennen und entsprechende Maßnahmen ergreifen. Nur so können wir sicherstellen, dass auch kommende Generationen von ökologisch verträglichen und sozial verantwortungsvollen Lebensräumen profitieren.

Meine persönliche Geschichte soll als Aufruf dienen, auf nachhaltiges Projektmanagement zu setzen und sich für ökologische und soziale Ziele einzusetzen. Gemeinsam können wir einen positiven Beitrag leisten und sicherstellen, dass zukünftige Bauvorhaben nachhaltiger und umweltfreundlicher umgesetzt werden.

Meta-Titel: Nachhaltigkeit am Bau: Eine persönliche Geschichte und Perspektive
Meta-Beschreibung: Erfahre in diesem ausführlichen Blogbeitrag, wie nachhaltiges Projektmanagement und die Anwendung von ESG-Prinzipien den Bau eines Hauses positiv beeinflussen können. Erfahren Sie mehr über die Bedeutung von Nachhaltigkeitsberichten und die Rolle einer verantwortungsvollen Baufirma.◄

Was meinen sie dazu? Wurde der Blogartikel maßgeblich verbessert? Würden sie ihn so posten?

Hierüber muss sich jede Person selbst schlüssig werden. Denken sie auch aus der Kundenperspektive. Würden sie diesen Artikel lesen wolle? Würde er ihnen weiterhelfen?

### 3.4.4  Wie sie ihren Blog starten – Eine Themenliste erstellen

Neue Blogger stehen oft vor der Herausforderung, relevante und ansprechende Themen für ihre Beiträge zu finden. Wie sie zu ihren Themen, ihrem Content für ihren Blog kommen, erfahren sie in diesem Unterkapitel.

Daher möchte ich Ihnen in diesem Abschnitt einige Tipps mitgeben, wie Sie erfolgreich eine Themenliste erstellen können.

- Identifizieren Sie Ihre Zielgruppe: Bevor Sie mit der Erstellung Ihrer Themenliste beginnen, sollten Sie sich darüber im Klaren sein, für wen Sie schreiben. Überlegen Sie, welche Interessen und Bedürfnisse Ihre Leser haben und welche Themen sie ansprechen könnten.
- Recherchieren Sie relevante Themen: Nutzen Sie Online-Tools wie Google Trends, um herauszufinden, welche Themen gerade im Trend liegen. Schauen Sie sich auch in Foren und Social-Media-Gruppen um, um zu sehen, welche Fragen und Probleme Ihre Zielgruppe hat.
- Machen Sie eine Keyword-Recherche: Nutzen Sie Tools wie den Google Keyword Planner, um relevante Keywords zu Ihren Themen zu finden. Diese können Ihnen dabei helfen, Ihre Beiträge für Suchmaschinen zu optimieren und mehr Leser anzuziehen.
- Planen Sie langfristig: Erstellen Sie eine Themenliste für die nächsten Wochen oder Monate, um sicherzustellen, dass Sie immer genügend Ideen für Ihre Beiträge haben. Berücksichtigen Sie dabei auch saisonale Themen und Ereignisse.
- Variieren Sie die Themen: Stellen Sie sicher, dass Ihre Themenliste eine gute Mischung aus verschiedenen Themenbereichen enthält, um Ihre Leser zu begeistern und zu unterhalten. Berücksichtigen Sie auch aktuelle Trends und Entwicklungen in Ihrem Bereich.

Zudem gibt es verschiedene Herangehensweisen oder Strategien. Starten sie mit derjenigen, die für sich für sie am einfachsten anfühlt. Mit der Zeit werden sie zwischen den verschiedenen Strategien springen. Hier gib es kein Richtig oder Falsch. Wenn sie einen guten Artikel schreiben können, dann tun sie das.

**Content Creation:** Ein Blogger, der Experte auf seinem Gebiet ist, verfasst Beiträge zu Themen, die seine Zielgruppe interessieren.

Beispiele für diese Themen sind:

- Beantwortung von häufig gestellten Fragen in Blogposts
- Erstellung von leicht verständlichen Schritt-für-Schritt-Anleitungen, z. B. zum Backen eines Kuchens oder zur beruflichen Neuorientierung
- Veröffentlichung von Artikel-Serien
- Durchführung von Befragungen, Umfragen und Marktstudien
- Berichte über Events, Messen und Konferenzen
- Vermittlung von Grundlagen zu einem bestimmten Thema
- Erzählung von Hintergrundgeschichten
- Verfassen umfassender Artikel zu einem Thema
- Bereitstellung von besten Tipps und Tricks
- Vorhersage von Zukunftsentwicklungen und Trends
- Präsentation interessanter Produkte und Dienstleistungen
- Äußerung eigener Meinungen zu spezifischen Themen
- Verbreitung von News
- Durchführung von Selbstversuchen

**Content Aggregation:** Ein Blogger, der relevante Informationen bündelt, kennt wichtige Quellen und bereitet sie für seine Leserschaft auf.
Beispiele für diese Themen sind:

- Zusammenstellung von Ressourcenlisten
- Bereitstellung von Branchenreports
- Empfehlungen und Rezensionen zu Büchern
- Rückblicke zu spezifischen Themen
- Medienempfehlungen
- Jahresrückblicke

**Linking Content:** Ein Blogger mit einer interessanten Community vernetzt sich aktiv und generiert Links durch kreative Maßnahmen.
Beispiele dafür sind:

- Teilen und Kommentieren der Inhalte anderer Blogger
- Zusammenfassung wichtiger Blogs und Artikel Ein Netzwerkblogger kennt bedeutende Experten und lädt sie in seinen Blog ein. Beispiele für diese Themen sind:
- Veröffentlichung von Gastbeiträgen im eigenen Blog und in anderen Blogs
- Gemeinschaftsblogs
- Interviews mit Experten
- Kundenfallstudien
- Berichte über Veranstaltungen
- Vernetzung mit anderen Bloggern

Dies sind einige Strategien, die sie nutzen können, um eine erfolgreiche Content-Strategie umzusetzen. Mit diesen Tipps sollten Sie in der Lage sein, erfolgreich eine Themenliste für Ihre Blogbeiträge zu erstellen. Denken Sie daran, dass Kontinuität und Qualität der Beiträge ebenfalls entscheidend für den Erfolg Ihres Blogs sind.

**Prompt Blogthemen finden**

**Prompt:**

Mein Blog konzentriert sich auf die Bereiche (Themen einfügen). Welche Trends oder Themen könnten in den nächsten Monaten wichtig werden?

**Eingegebene Themen:** Digitalisierung, Baubranche, BIM

**Ergebnis:**

Im Bereich Digitalisierung, Baubranche und BIM gibt es mehrere aufkommende Trends und Themen, die in den nächsten Monaten an Bedeutung gewinnen könnten:

1. **Weitere Verbreitung von BIM-Technologien:** Die Nutzung von Building Information Modeling (BIM) wird sich weiter ausbreiten und zum Standard in der Baubranche werden. Unternehmen werden verstärkt auf BIM-Software und -Prozesse setzen, um Kosten zu senken, die Bauqualität zu verbessern und die Zusammenarbeit im gesamten Bauprojekt zu erleichtern.
2. **Digital Twins:** Digitale Zwillinge von Gebäuden und Infrastrukturen ermöglichen es, reale Anlagen in Echtzeit virtuell abzubilden. Dieser Trend wird in den nächsten Monaten an Bedeutung gewinnen, da Digital Twins die Planung, Überwachung und Wartung von Gebäuden und Infrastrukturen optimieren können.
3. **Künstliche Intelligenz (KI) und maschinelles Lernen (ML):** KI und ML werden vermehrt in der Baubranche eingesetzt. Unternehmen nutzen diese Technologien, um Datenanalysen durchzuführen, Bauprojekte zu optimieren und Entscheidungen zu treffen. KI-gesteuerte Planungs- und Automatisierungswerkzeuge werden an Bedeutung gewinnen.
4. **Nachhaltigkeit und grünes Bauen:** Nachhaltigkeit ist ein wachsender Trend in der Baubranche. Unternehmen legen verstärkt Wert auf grünes Bauen, Energieeffizienz und umweltfreundliche Baustoffe. Die Integration von Nachhaltigkeitsaspekten in BIM-Prozesse und -Werkzeuge wird eine wichtige Rolle spielen.
5. **Modulare und vorgefertigte Bauweise:** Vorgefertigte Bauelemente und modulare Bauweise gewinnen an Popularität. Durch Digitalisierung und BIM können modulare Strukturen und Bauteile effizient geplant und koordiniert werden, was zu kürzeren Bauzeiten und kosteneffizienteren Projekten führt.
6. **Cybersicherheit und Datenschutz:** Mit der zunehmenden Digitalisierung der Baubranche werden auch Themen wie Cybersicherheit und Datenschutz wichtiger.

Unternehmen müssen sicherstellen, dass ihre digitalen Infrastrukturen und Daten geschützt sind, um Cyberangriffen und Datenschutzverletzungen vorzubeugen.

7. **Arbeitskräftemangel und Fachkräftemangel:** Der Fachkräftemangel in der Baubranche wird weiterhin eine Herausforderung sein. Durch die Integration von Digitalisierungs- und Automatisierungstechnologien können Unternehmen Arbeitsprozesse optimieren und den Arbeitskräftemangel abfedern.

Diese Trends und Themen werden in den nächsten Monaten in der Baubranche und im Bereich Digitalisierung eine wachsende Bedeutung haben. Unternehmen, die diese Trends erkennen und sich entsprechend anpassen, können von den Vorteilen profitieren und wettbewerbsfähig bleiben.◄

---

**Prompt Content Plan für deinen Blog mithilfe von KI erstellen**

1. Erstelle mir einen ausführlichen Content-Plan für einen Blog zum Thema (THEMA). Gib nur die Überschriften und eventuelle Unterüberschriften aus.
2. Schlage für jede Überschrift passende Keywords vor.
3. Die Zielgruppe sind (ZIELGRUPPE).
4. Der (BLOG GEHÖRT ZU EINEM SHOP) (BLOG GEHÖRT ZU EINEM ANDEREN ANGEBOT)
5. Schreibe wie (EIN ERFAHRENER BLOGGER) (EIN MARKETING EXPERTE)
6. Schlage mir vor, in welchen Zeitabständen ich die Posts veröffentlichen sollte.◄

---

**Weitere Prompt Beispiele zum Blog Schreiben**

1. I need a [type of blog post] that will address the pain points and needs of my [ideal customer persona] and show them how my [product/service] is the solution they've been searching for.
2. I need a [type of blog post] that will overcome objections and concerns my [ideal customer persona] may have about my [product/service] and convince them to take [desired action].
3. I need a [type of blog post] that will tell a story about my [product/service] and how it has helped [ideal customer persona] achieve their [goal] in a relatable and engaging way.◄

## 3.4.5 Wie man mit Blogartikeln Marketing betreibt

Selbstmarketing durch Blogartikel ist eine effektive Strategie, um Ihre Marke, Produkte oder Dienstleistungen bekannt zu machen. In diesem Kapitel analysieren wir verschiedene Taktiken, die Ihnen dabei helfen können, Ihren Blog erfolgreich als Marketinginstrument zu nutzen.

Zunächst einmal ist es wichtig, hochwertige und relevante Inhalte zu erstellen. Ihre Blogartikel sollten informativ, ansprechend und nützlich für Ihre Zielgruppe sein. Indem Sie wertvolle Informationen teilen, können Sie das Vertrauen Ihrer Leser gewinnen und sie dazu bringen, regelmäßig auf Ihren Blog zurückzukehren.

Ein weiterer wichtiger Aspekt ist die Suchmaschinenoptimierung (SEO). Durch die Integration von relevanten Keywords in Ihre Blogartikel und die Optimierung Ihrer Website für Suchmaschinen können Sie sicherstellen, dass Ihre Inhalte von potenziellen Kunden gefunden werden. Eine gute SEO-Strategie kann dazu beitragen, die Sichtbarkeit Ihres Blogs in den Suchmaschinenergebnissen zu erhöhen und den Traffic auf Ihrer Website zu steigern.

Ein weiterer wichtiger Aspekt ist das Teilen Ihrer Blogartikel in den sozialen Medien. Durch das Teilen Ihrer Inhalte auf Plattformen wie Xing, LinkedIn oder anderen können Sie Ihre Reichweite erhöhen und neue Leser gewinnen. Ferner können Sie durch den Aufbau einer Community in den sozialen Medien eine loyale Leserschaft aufbauen, die Ihre Inhalte regelmäßig konsumiert und teilt.

Es ist auch wichtig, den Erfolg Ihrer Blogartikel zu messen und zu analysieren. Durch die Verwendung von Analysetools wie Google Analytics können Sie feststellen, welche Inhalte bei Ihren Lesern gut ankommen und welche nicht. Indem Sie diese Erkenntnisse nutzen, können Sie Ihre Marketingstrategie optimieren und den Erfolg Ihrer Blogartikel steigern.

Insgesamt ist Selbstmarketing durch Blogartikel eine effektive Strategie, um Ihre Marke bekannt zu machen und Kunden zu gewinnen. Indem Sie hochwertige Inhalte erstellen, SEO optimieren, in den sozialen Medien teilen und den Erfolg Ihrer Artikel messen, können Sie Ihren Blog erfolgreich als Marketinginstrument nutzen.

Vielleicht haben sie sich gefragt, wie sie Leser für ihren Blog finden. Nützlich ist ein Link zur Ihrer Website oder Ihrem Blog in Ihrer Emailsignatur, auf Ihrer Visitenkarte, in Ihrem Newsletter und natürlich in Ihren Social Media Posts. Geben Sie Ihren Followern etwas Zeit, sich mit Ihnen zu verbinden. Dies funktioniert besonders gut, wenn Se regelmäßig Content posten und veröffentlichen.

### 3.4.6  Social Media Plattformen

Soziale Medienplattformen spielen eine entscheidende Rolle in der Verbreitung von Blog-Artikeln und bieten eine Vielzahl von Möglichkeiten, um das Publikum zu erreichen. In diesem Unterkapitel werde ich verschiedene Plattformen wie LinkedIn, Xing, Twitter und Instagram erläutern, ihre Unterschiede hervorheben und Strategien für effektives Marketing mit Blog-Artikeln aufzeigen. Ich setze hier voraus, dass Sie Ihre Blogartikel bereits auf Ihrer Website veröffentlicht haben und diese bereit zum Teilen auf den verschiedenen Social Media Plattformen sind.

1. **LinkedIn** ist eine professionelle Plattform, die sich ideal für die Veröffentlichung von berufsbezogenen Blog-Artikeln eignet. Durch die Vernetzung mit anderen Fachleuten und das Teilen von relevanten Inhalten können Sie Ihre Expertise präsentieren und Ihre Glaubwürdigkeit stärken. Strategien für effektives Marketing auf LinkedIn umfassen die Verwendung von aussagekräftigen Headlines, die Einbindung von Multimedia-Inhalten wie Videos oder Infografiken und die regelmäßige Interaktion mit Ihrer Zielgruppe durch Kommentare und Likes.

2. **Xing** ist eine weitere Plattform, die sich auf den deutschsprachigen Raum konzentriert und sich besonders für die Veröffentlichung von Business-relevanten Blog-Artikeln eignet. Hier können Sie Ihr Netzwerk erweitern, sich mit anderen Fachleuten austauschen und Ihre Blog-Artikel gezielt an eine professionelle Zielgruppe richten. Strategien für effektives Marketing auf Xing beinhalten die Nutzung von Gruppen und Foren, um relevante Diskussionen anzustoßen, die Veröffentlichung von aktuellen und informativen Inhalten sowie die Pflege Ihrer Kontakte durch persönliche Nachrichten.

3. **Twitter** ist eine schnelllebige Plattform, die sich für die Verbreitung von kurzen und prägnanten Blog-Artikeln eignet. Mit seinen Hashtags und Retweets können Sie Ihre Inhalte einer breiten Öffentlichkeit zugänglich machen und die Interaktion mit Ihrem Publikum fördern. Strategien für effektives Marketing auf Twitter umfassen die Verwendung von aktuellen Trends und Hashtags, die regelmäßige Aktualisierung Ihrer Follower über neue Blog-Artikel und die Teilnahme an relevanten Twitter-Chats, um Ihre Reichweite zu erhöhen.

### Twitter Thread Ideen – KI Prompts

1. I'm looking for a Twitter thread idea that will provide valuable and relevant information to my [ideal customer persona] about [subject] and attract high quality leads with a strong call-to action.

2. I'm looking for a Twitter thread idea that will showcase the value and benefits of my [product/service] to my [ideal customer persona] and persuade them to take [desired action] with a clear and compelling message.

3. I need a Twitter thread idea that will engage my [ideal customer persona] with a unique and compelling perspective on [subject] and persuade them to take [desired action] on my [website/product].

4. I need a Twitter thread idea that will showcase the unique selling points of my [product/service] and attract high-quality leads with a sense of urgency and exclusive offers.◄

5. **Instagram** ist eine visuell orientierte Plattform, die sich für die Veröffentlichung von ästhetischen und ansprechenden Blog-Artikeln eignet. Mit seinen über 1 Mrd. monatlich aktiven Nutzern bietet Instagram eine große Reichweite, insbesondere bei jüngeren Zielgruppen. Hier können Sie Ihre Blog-Artikel durch hochwertige Bilder und Stories präsentieren und die Interaktion mit Ihren Followern durch Kommentare und Likes fördern. Strategien für effektives Marketing auf Instagram umfassen die Verwendung von ästhetisch ansprechenden Bildern, die Nutzung von relevanten Hashtags und die regelmäßige Aktualisierung Ihrer Stories, um Ihre Follower zu engagieren.

---

**Instagram Story Ideen – KI Prompts**

1. I need an Instagram story idea that will demonstrate how my [product/service] can solve the specific pain points and needs of my [ideal customer persona] in a relatable and engaging way.
2. I need an Instagram story idea that will establish trust and credibility with my [ideal customer persona] by showcasing the expertise and professionalism of my [company/brand].
3. I need an Instagram story idea that will showcase the success stories of previous customers who have used my [product/service] and persuade my [ideal customer persona] to make a purchase.
4. I'm looking for an Instagram story idea that will showcase the unique features and benefits of my [product/service] to my [ideal customer persona] in a creative and engaging way.◄

---

6. **Das Intranet** ihres Unternehmens: Viele Unternehmen verfügen über unternehmensinterne Plattformen ähnlich wie Facebook. Auch hier können Sie Ihre Blogbeiträge posten. Beachten Sie nur, dass Sie diese besser auf ihrer externen Website erstellen und dann mit einem Link intern posten. Denn wenn sie eines Tages das Unternehmen verlassen, wären alle Blogartikel, die sie nur intern geschrieben haben, für Sie verloren. Unternehmensintern können Beiträge zu aktuellen Themen interessant sein, kurze Beiträge, die sie online bei Veranstaltungen vortragen und im Anschluss auf ihren Blog verweisen können. Ein Intranet ist eine gute Plattform, um Follower zu generieren auch für Ihre Profile, die außerhalb des Unternehmens liegen.

Insgesamt bieten LinkedIn, Xing, Twitter und Instagram unterschiedliche Möglichkeiten zur Veröffentlichung von Blog-Artikeln und zur Interaktion mit Ihrem Publikum. Durch die gezielte Nutzung dieser Plattformen und die Implementierung passender Marketingstrategien können Sie Ihre Blog-Artikel effektiv verbreiten und die Reichweite Ihrer

Inhalte steigern. Es ist wichtig, die Besonderheiten jeder Plattform zu berücksichtigen und diese gezielt für Ihre Marketingzwecke einzusetzen.

### 3.4.7 Nutzung von Fotos und Videos in Blogartikeln

**Einführung**

Als Blogger ist es wichtig, Fotos und Videos gekonnt in Blogartikeln einzusetzen, um den Lesern visuell ansprechende und abwechslungsreiche Inhalte anzubieten. In diesem Kapitel werden verschiedene Strategien diskutiert und bewährte Methoden, um Fotos und Videos effektiv in Blogartikeln einzusetzen aufgezeigt. Ebenso wird die Verwendung von fremden Inhalten und Quellen erläutert, sowie korrekte Angabe der Herkunft von Fotos und Videos.

1. Verwendung eigener Fotos und Videos: Die Verwendung eigener Fotos und Videos trägt zur Authentizität und Individualität Ihrer Blogartikel bei. Stellen Sie sicher, dass die Qualität Ihrer visuellen Inhalte hoch ist und sie zum Thema des Artikels passen. Fotos können direkt in den Artikel eingefügt werden, während Videos mit einem Embed-Code eingebunden werden sollten oder als YouTube Video, um eine reibungslose Wiedergabe zu gewährleisten.
2. Verwendung fremder Inhalte und Quellen: Es kann vorteilhaft sein, fremde Fotos und Videos zu verwenden, um Ihren Artikel zu bereichern. Dies kann etwa der Fall sein, wenn Sie bestimmte Illustrationen oder Expertenmeinungen von Dritten benötigen. Achten Sie darauf, die Quellen korrekt anzugeben und sich an das Urheberrecht zu halten. Verwenden Sie nur Inhalte, für die Sie die entsprechenden Nutzungsrechte erhalten haben.
3. Angabe der Herkunft von Fotos und Videos: Um die Herkunft von Fotos und Videos korrekt anzugeben, sollten Sie den Namen des Urhebers oder Rechteinhabers sowie einen Link zur Quelle angeben. Dies kann in Form einer Bildunterschrift oder einer separaten Quellenangabe am Ende des Artikels erfolgen. Eine professionelle und korrekte Angabe der Herkunft stärkt Ihre Glaubwürdigkeit und zeigt Respekt gegenüber den Urhebern der verwendeten Inhalte.
4. Worauf Sie bei der Verwendung fremder Inhalte achten sollten: Beachten Sie beim Einsatz fremder Inhalte immer das Urheberrecht und die jeweiligen Nutzungsbedingungen der Urheber oder Rechteinhaber. Holen Sie die Erlaubnis ein, wenn Sie Fotos oder Videos verwenden möchten, die nicht unter einer Creative Commons-Lizenz oder einer ähnlichen freien Lizenz stehen. Achten Sie darauf, dass die ausgewählten Inhalte qualitativ hochwertig und thematisch relevant für Ihren Artikel sind.

Zusammenfassend ist die Nutzung von Fotos und Videos in Blogartikeln eine wichtige Methode, um Ihre Inhalte visuell aufzuwerten. Verwenden Sie entweder eigene Inhalte oder stellen Sie sicher, dass Sie die erforderlichen Rechte und Genehmigungen für fremde Inhalte erhalten haben. Geben Sie immer die Herkunft der verwendeten Fotos und Videos an.

**KI generierte Bilder**

Im Folgenden sehen sie Beispiele von KI generierten Bildern. Ich habe sie von Mousavir.ai anhand von Gedichten generieren lassen (Abb. 3.4).

Das dazugehörige Gedicht wurde von ChatGPT 3 generiert (Abb. 3.5) [3]:

The air is still, the sky a grey.
Where once warm winds blew, now they delay.

The waters rise, the sun burns bright.
Our future looks so dark and blight.

The snow no longer blankets the land.
Our planet's health is in our hand.

**Abb. 3.4**  Beispiel Klimawandel

We must act now to put a stop.
To save our planet, let's all hop.

Let's take action and reduce our waste.
For our planet, it's not too late.

We can make a change if we try.
For the future, let's all give a cry.

Das dazugehörige Gedicht wurde von ChatGPT 3 generiert [3]:

A curse on us, this pollution
A blight on our natural view
It creeps through the cracks with no solution
But we must find something to do

Its toxins fill the air with dread
And its fog darkens our skies

**Abb. 3.5**  Beispiel Umweltzerstörung

It's a menace that's hard to ignore
And a problem that won't subside

The animals that live in fear
From the destruction and decay
It's time for us to take a stand
And save the planet today

Our forests and oceans are in peril
We must keep them safe and sound
We must act now and make a change
For our future to be found

Let's take this time to be mindful
Of our actions and their cost
And work together to reduce pollution
Before our planet is lost

## 3.5    Wissenschaftliche Artikel

### 3.5.1    Wie sie einen wissenschaftlichen Artikel gekonnt schreiben

Ein weiteres Genre sind wissenschaftliche Artikel. Diese haben einen speziellen Aufbau, an den man sich halten sollte, um von einem Journal publiziert zu werden. Sollten Sie vorhaben, einen solchen wissenschaftlichen Artikel zu schreiben und zu veröffentlichen, überlegen Sie sich vorab, bei welchem Journal Sie ihn einreichen möchten. Sehen Sie sich dort auf der Website um und lesen Sie nach, welche Anforderungen Ihr Artikel erfüllen muss. Das kann von Journal zu Journal etwas variieren. In diesem Kontext rate ich Ihnen von der Nutzung von KI eher ab. Wissenschaftliche Artikel haben höhere Anforderungen zu erfüllen und müssen auf einer realen Forschung basieren und nicht auf einer erfundenen Forschung von ChatGPT. Denken Se hier bitte an die wissenschaftliche Redlichkeit, bevor Sie die KI in ihren Schreibprozess integrieren. Auch zum Thema KI positionieren sich die meisten Journals auf ihrer Homepage. Dort können Sie nachlesen, was akzeptiert wird und unter welchen Voraussetzungen.

Die Mehrzahl der Journalartikel wird in Englisch publiziert. Natürlich gibt es auch deutschsprachige Magazine. Bedenken Sie jedoch, dass Sie in Englisch eine größere Leserschaft anziehen.

Das Feld der Journals ist heiß begehrt und nicht jedermann wird genommen, denn Akademiker arbeiten in einem zunehmend wettbewerbsorientierten Umfeld. In vielen eng begrenzten wissenschaftlichen Disziplinen ist der Wettlauf um die Spitze unerbittlich geworden. Derzeit gibt es weltweit über zweitausend wissenschaftliche Zeitschriftenverlage, die über zwanzigtausend Zeitschriften herausgeben. Die Gesamtzahl der begutachteten Zeitschriftenbeiträge übersteigt inzwischen 1,6 Mio. pro Jahr und wächst weiter rapide an. Die meisten dieser Veröffentlichungen stammen aus den USA, dicht gefolgt von China. Ein wachsender und noch weitgehend unregulierter Markt für Open-Access-Publikationen verkompliziert das Veröffentlichungsumfeld [4].

Ein erfolgreicher Artikel sollte die folgenden Hauptbestandteile enthalten, vorzugsweise, aber nicht unbedingt in der angegebenen Reihenfolge [4].

Im Folgenden finden sie die einzelnen Bausteine, die mit einem fortlaufendem Beispiel zur Veranschaulichung unterlegt sind.

1. **Der Titel**

   Der Titel eines Artikels sollte möglichst kurzgehalten werden, jedoch das Hauptthema und den Inhalt des Artikels präzise wiedergeben. In den meisten Fällen wird der Titel erst nach Fertigstellung des gesamten Artikels festgelegt. Bei der Formulierung des Titels sollten ungewöhnliche Akronyme oder Beschreibungen vermieden werden, die den Inhalt des Artikels auf ein bestimmtes Land oder eine geografische Region einschränken [4].

---

**Titel eines Artikels**

Article
**The competence of critical thinking and the motivation among project managers for sustainable project management – friends or enemies?◄**

2. **Das Abstract**

   Das Abstract dient als Werbemittel für die Arbeit. Sie sollte in klaren, prägnanten Sätzen verfasst werden, die leicht verständlich sind und den Inhalt sowie den Hauptbeitrag der Arbeit zum allgemeinen Wissensstand widerspiegeln. Es ist ratsam, überflüssige Sätze, die eher in die Einleitung gehören, zu vermeiden. Eine qualitativ hochwertige Zusammenfassung sollte lediglich sechs kurze Sätze enthalten, die wie folgt strukturiert sind [4]:

   Darstellung des wissenschaftlichen Feldes und des darin behandelten Problems,

   Formulierung der Forschungsfrage, die in der Arbeit beantwortet wird,

   Beschreibung der angewandten Methoden und Werkzeuge, um die Forschungsfrage zu klären,

   Präsentation der Antwort auf die Forschungsfrage,

Erläuterung der Bedeutung und Relevanz der Antwort sowie der erzielten Ergebnisse,

Ausblick auf zukünftige Forschungsrichtungen, die auf den in der Arbeit präsentierten Ergebnissen basieren.

Das gesamte Abstract sollte eine halbe Druckseite nicht überschreiten.

**Abstract**

Sustainability is an increasingly crucial subject making its mark in the realm of project management through sustainable project management. However, the drive of project managers is essential, and it remains unclear which competencies contribute to this drive for sustainable project management. This article delves into one such skill believed to enhance motivation for sustainability: critical thinking. It explores the research query "Is there a correlation between project managers' motivation for sustainability and their critical thinking abilities?". To investigate, a quantitative online survey was conducted with 26 participants. Descriptive analysis was used to examine variables, assessing mean and standard deviation, evaluating normal distribution, measuring reliability with Cronbach's Alpha, and employing Pearson Correlation as a significance test. The results revealed that the hypothesis suggesting no link between project managers' motivation for sustainability and critical thinking competence was rejected. A significant positive correlation between the two variables was found. This study offers insights for organizations seeking to instill or enhance sustainable project management by incorporating critical thinking competencies within their teams.◄

3. **Die Keywords**

Keywords sind die Bezeichnungen für das Manuskript, die in wissenschaftlichen Datenbanken mit vielen Tausenden von Artikeln enthalten sind. Die korrekte Verwendung von Keywords entscheidet darüber, ob das Manuskript von potenziellen Lesern gefunden und wahrgenommen oder ob es nur überflogen wird, bevor der Leser entscheidet, den nächsten Artikel in der Datenbank zu lesen, ohne ihren Artikel zu beachten. Allgemein gehaltene Schlüsselwörter sind stets ineffektiv [4].

**Keywords**

**Sustainability; Motivation for Sustainability; Sustainable Project Management; Critical Thinking◄**

## 4. Die Einleitung

Dieser Abschnitt steckt den Rahmen für den Inhalt des Artikels ab. Es ist erforderlich, eine klare Problembeschreibung und eine detaillierte Erklärung der Bedeutung des Problems zu geben. Das Problem muss aktuell und relevant sein. Es sollte die Interessengruppe – je größer, desto besser - für die das genannte Problem wichtig ist, genannt werden. Anschließend folgt die Definition und detaillierte Beschreibung der spezifischen Forschungsfrage, die behandelt werden soll. Die Darstellung und Belegung der Wichtigkeit der Forschungsfrage ist ebenfalls unerlässlich, zusammen mit einer Beschreibung von anderen verwandten Fragen, die in der Arbeit nicht behandelt werden. Eine klare Definition der zukünftigen Nutznießer der zu erhaltenden Antwort muss ebenfalls geliefert werden [4].

Eine ausgezeichnete Einleitung, sei es in eine empirische, konzeptionelle oder ein Review paper, sollte die folgenden Fragen beantworten [5]:

- Was ist das Thema?
- Warum ist es relevant und für wen?
- Was wissen wir bereits?
- Was ist die Forschungslücke, und wie wird sie durch die Arbeit geschlossen?
- Welchen Beitrag leistet die Arbeit?

### Einleitung

Es ist wichtiger denn je, einen Beitrag zur Nachhaltigkeit zu leisten (Europäische Kommission. Gemeinsame Forschungsstelle 2022). Der Nachhaltigkeit wird immer mehr Aufmerksamkeit geschenkt, und die Unternehmen werden ermutigt, ihre Verantwortung nicht nur in finanzieller Hinsicht, sondern auch in Bezug auf die Nachhaltigkeitsleistung für alle Stakeholder auszuweiten (Sabini, Muzio, und Alderman 2019). Die Unternehmen integrieren daher Nachhaltigkeitsstrategien in ihre eigene Unternehmensvision, -mission und -strategie (Goni et al. 2015). Da Projekte temporäre Organisationen sind, die Veränderungen in Organisationen umsetzen (Turner 2016) werden Projekte und ihr Management als der Weg zur Nachhaltigkeit gesehen (Marcelino-Sádaba, González-Jaen, und Pérez-Ezcurdia 2015). Daher ist das Konzept des „grünen" oder „nachhaltigen" Projektmanagements heute weithin als ein wichtiger globaler Trend im Projektmanagement anerkannt (Alvarez-Dionisi, Turner, und Mittra 2016). Nachhaltiges Projektmanagement ist im Wesentlichen eine Frage des Verhaltens (G. Silvius 2019) und spielt bei Projektmanagern eine zentrale Rolle für die Nachhaltigkeit eines Projekts (Maltzman und Shirley 2013). Es wurden mehrere Studien über das nachhaltige Verhalten von Projektmanagern durchgeführt (A. G. Silvius und de Graaf 2019) und den Faktoren, die dieses Verhalten fördern (G. Silvius und

Schipper 2020). Auf der Grundlage dieser Studien wurde festgestellt, dass der innere Antrieb von Projektmanagern, der durch ihre Wahrnehmung von Nachhaltigkeit beeinflusst wird, der wichtigste Faktor für die Entscheidung ist, Nachhaltigkeit im Projekt zu berücksichtigen. Mit Motivation allein wird es jedoch nicht möglich sein, Nachhaltigkeit im Projektmanagement zu implementieren; zur Unterstützung eben dieser Motivation sind Nachhaltigkeitskompetenzen erforderlich.

Kompetenzbasierte Lernprogramme, die sich darauf konzentrieren, Nachhaltigkeitskompetenzen durch Wissen und Einstellungen zu kultivieren, sind in der Lage, verantwortungsvolles Verhalten zu fördern und den Wunsch zu wecken, Veränderungen auf lokaler, nationaler und globaler Ebene zu initiieren oder einzufordern. Indem sie die Lernenden mit den notwendigen Fähigkeiten im Bereich der Nachhaltigkeit ausstatten, können sie den inneren Konflikt wirksam lösen, der entsteht, wenn sie sich eines Problems bewusst sind, sich aber machtlos fühlen, etwas zu ändern. (Europäische Kommission. Gemeinsame Forschungsstelle 2022).

„Eine Nachhaltigkeitskompetenz befähigt die Lernenden, Werte der Nachhaltigkeit zu verkörpern und komplexe Systeme zu verstehen, um Maßnahmen zu ergreifen oder zu fordern, die die Gesundheit der Ökosysteme wiederherstellen und erhalten und die Gerechtigkeit fördern und Visionen für eine nachhaltige Zukunft schaffen." (Europäische Kommission. Gemeinsame Forschungsstelle 2022).

Eine dieser Kompetenzen ist das kritische Denken: Daten und Argumente bewerten, Vorannahmen identifizieren, den aktuellen Stand der Dinge hinterfragen und berücksichtigen, wie individuelle, gesellschaftliche und kulturelle Erfahrungen Denkprozesse und Entscheidungen beeinflussen (Europäische Kommission. Gemeinsame Forschungsstelle 2022). In dieser Studie untersuchten wir den Zusammenhang zwischen der Fähigkeit zu kritischem Denken und dem Streben nach Nachhaltigkeit. Unser Ziel war es, herauszufinden, ob die Fähigkeit zum kritischen Denken die Motivation für nachhaltiges Projektmanagement unterstützt. Die Forschungsfrage wurde wie folgt formuliert: Korreliert die Motivation für Nachhaltigkeit bei Projektmanagern mit ihrer Kompetenz zum kritischen Denken?

**Hypothese:** Es besteht kein Zusammenhang zwischen der Kompetenz des kritischen Denkens und der Motivation für nachhaltiges Projektmanagement.

**Null-Hypothese:** Es besteht ein Zusammenhang zwischen der Kompetenz des kritischen Denkens und der Motivation für nachhaltiges Projektmanagement.

Nachhaltigkeit ist heute einer der wichtigsten Schlüsselbereiche in der Wirtschaft (Sabini, Muzio, und Alderman 2019). Die für Nachhaltigkeit erforderlichen Kompetenzen sind nach dem derzeitigen Stand der Literatur kaum erforscht (Europäische Kommission. Gemeinsame Forschungsstelle 2022). „Persönliche Werte sind erlernte Überzeugungen über bevorzugte Arten des Handelns oder Seins." (Olver und Mooradian 2003) „und können daher trainiert und entwickelt werden" (Silvius und Schipper 2014). Die Studie füllt die Lücke in der aktuellen Literatur bezüglich der Kompetenzen, die die Motivation für Nachhaltigkeit von Projektmanagern unterstützen, und konzentriert sich auf die Kompetenz des kritischen Denkens. Die Studie richtet sich an Unternehmen aller Größenordnungen, die auf dem Weg sind, nachhaltiges Projektmanagement auf allen Ebenen zu etablieren.

Der Rest des Dokuments ist in fünf Kapitel unterteilt. Es folgt eine Einführung in die Studien zum nachhaltigen Projektmanagement und in den zugrunde liegenden konzeptionellen und theoretischen Rahmen. Im darauffolgenden Abschnitt wird der in dieser Untersuchung verwendete Forschungsansatz erläutert. In Kap. 4 werden die Ergebnisse der Studie zusammen mit einer Analyse vorgestellt, und in Kap. 5 werden die wichtigsten Punkte zusammengefasst.◄

## 5. Das Literature Review

Sie müssen eine kritische, prägnante und umfassende Zusammenfassung der relevanten früheren Forschungsarbeiten des Autors/der Autoren dieser Arbeit sowie anderer Autoren weltweit erstellen, die sich mit der gleichen Forschungsfrage oder anderen eng verwandten Fragen beschäftigen. Solche Fragen können im gleichen Fachgebiet, aber auch in anderen Bereichen liegen, manchmal sogar in wissenschaftlichen Bereichen, die nicht direkt mit Ihrem eigenen Fachgebiet zusammenhängen. Alle zitierten Veröffentlichungen sollten sorgfältig geprüft werden; zitieren Sie keine Publikationen, die Sie nicht vollständig rezipiert haben und deren Relevanz für das behandelte Thema in Ihrer Arbeit nicht erläutert haben. Vermeiden Sie eine übermäßige Anzahl von Selbstzitaten oder Zitaten von Publikationen aus demselben Land oder der gleichen geografischen Region [4].

## 1.1 Definition Nachhaltigkeit und Nachhaltigkeitskompetenzen

Nachhaltigkeit ist ein weites Feld. In dieser Studie wird der Begriff Nachhaltigkeit wie folgt verwendet: „Nachhaltigkeit bedeutet, die Bedürfnisse aller Lebensformen und des Planeten in den Vordergrund zu stellen, indem sichergestellt wird, dass die menschlichen Aktivitäten die planetarischen Grenzen nicht überschreiten." (Europäische Kommission. Gemeinsame Forschungsstelle 2022).

Magano et al. (Magano et al. 2021) bestätigten Marnewick et al. (2019), dass „Nachhaltigkeit eine persönliche Eigenschaft ist, die auf der Einstellung des Einzelnen zur Nachhaltigkeit beruht."

„Eine Nachhaltigkeitskompetenz befähigt die Lernenden, Nachhaltigkeitswerte zu verkörpern und komplexe Systeme zu erfassen, um Maßnahmen zu ergreifen oder zu fordern, die die Gesundheit der Ökosysteme wiederherstellen und erhalten und die Gerechtigkcit fördern, indem sie Visionen für eine nachhaltige Zukunft entwickeln." (Europäische Kommission. Gemeinsame Forschungsstelle 2022).

## 1.2 Nachhaltiges Projektmanagement

Nachhaltiges Projektmanagement ist „… die Planung, Überwachung und Steuerung der Projektdurchführung und der unterstützenden Prozesse unter Berücksichtigung der ökologischen, ökonomischen (sic) und sozialen Aspekte des Lebenszyklus der Projektressourcen, -prozesse, -ergebnisse und -auswirkungen, die darauf abzielen, Vorteile für die Stakeholder zu erzielen, und die in einer transparenten, fairen und ethischen Weise durchgeführt werden, die eine proaktive Beteiligung der Stakeholder beinhaltet" (Silvius und Schipper 2014).

Damit nachhaltiges Projektmanagement erfolgreich sein kann, müssen die Projektmanager eine tief verwurzelte Motivation besitzen (Silvius und Schipper 2014). Das Streben nach Nachhaltigkeit ist tief in den Werten und Überzeugungen jedes Einzelnen verwurzelt. Daher ist es für Organisationen, die nachhaltige Projektmanagementpraktiken einführen wollen, von entscheidender Bedeutung, sich darauf zu konzentrieren, die Denkweise ihrer Projektmanager in Richtung Nachhaltigkeit zu formen und zu fördern (Silvius und Schipper 2014). Verschiedene Autoren argumentieren, dass die Übernahme einer Nachhaltigkeitsperspektive eine Änderung des Schwerpunkts des Projektmanagements mit sich bringt, weg von der ausschließlichen Überwachung von Zeit, Budget und Qualität hin zur Überwachung der sozialen, ökologischen und wirtschaftlichen Auswirkungen sowohl des Projektinhalts als auch der Projektausführung (G. Silvius et al. 2012; Haugan 2013). Silvius und Schipper (2014) argumentieren, dass Projektmanager ihre Denkweise ändern müssen, um Nachhaltigkeit effektiv in das Projektmanagement einzubinden. Die Änderung der Denkweise beinhaltet, dass der Projektmanager die Verantwortung für die Projektergebnisse übernimmt, während sie unter seiner Aufsicht stehen. (G. Silvius et al. 2012).

## 1.3 Kompetenz-Rahmen

### 1.3.1 GreenComp – Der europäische Nachhaltigkeitsrahmen

Der europäische Kompetenzrahmen für Nachhaltigkeit umfasst vier Kompetenzbereiche und 12 Kompetenzen. Jedem Kompetenzbereich sind drei Kompetenzen zugeordnet (Europäische Kommission. Gemeinsame Forschungsstelle 2022).

„Eine Nachhaltigkeitskompetenz befähigt die Lernenden, Nachhaltigkeitswerte zu verkörpern und komplexe Systeme zu verstehen, um Maßnahmen zu ergreifen oder zu fordern, die die Gesundheit der Ökosysteme wiederherstellen und erhalten und die Gerechtigkeit fördern, indem sie Visionen für eine nachhaltige Zukunft entwickeln" (Europäische Kommission. Gemeinsame Forschungsstelle 2022).

Diese Definition legt den Schwerpunkt darauf, den Lernenden Wissen, Fähigkeiten und Einstellungen im Bereich der Nachhaltigkeit zu vermitteln, die sie in die Lage versetzen, nachhaltig zu denken, zu planen und zu handeln, um ein harmonisches Zusammenleben mit unserem Planeten zu erreichen. Alle Formen der Bildung – formale, nicht-formale und informelle – werden als Wege anerkannt, um diese Kompetenz zu kultivieren, von der frühen Kindheit an, indem sie Kindern und Jugendlichen eingeflößt wird, bis hin zu ihrer Kontextualisierung bei jungen Erwachsenen und ihrer kontinuierlichen Pflege im Erwachsenenalter. Nachhaltigkeit als Kompetenz ist für alle Aspekte des Lebens relevant, sowohl auf individueller als auch auf kollektiver Ebene (Europäische Kommission. Gemeinsame Forschungsstelle 2022).

| Kompetenzbereich | Kompetenz |
| --- | --- |
| Verankerung von Nachhaltigkeitswerten | Wertschätzung der Nachhaltigkeit |
| | Unterstützung der Gerechtigkeit |
| | Förderung der Natur |
| Die Komplexität der Nachhaltigkeit annehmen | Systemorientiertes Denken |
| | Kritisches Denken |
| | Problemformulierung |
| Visionen für eine nachhaltige Zukunft | Zukunftskompetenz |
| | Anpassungsfähigkeit |
| | Forschungsorientiertes Denken |
| Handeln für Nachhaltigkeit | Politisches Handeln |
| | Kollektives Handeln |
| | Individuelle Initiative |

### 1.3.2 Kompetenz des kritischen Denkens

Die Kompetenz des kritischen Denkens gehört im GreenComp-Rahmen zum Kompetenzbereich „Komplexität in der Nachhaltigkeit begreifen". In diesem Bereich geht es darum, die Studierenden mit strukturierten und analytischen Denkfähigkeiten auszustatten und sie dazu anzuregen, über Möglichkeiten nachzudenken, ihre Datenauswertung zu verbessern und die Nachhaltigkeit von Praktiken zu hinterfragen; Systeme zu untersuchen, indem Beziehungen und Reaktionen aufgezeigt werden; und die Darstellung von Schwierigkeiten als Nachhaltigkeitsfragen, was dazu beiträgt, das Ausmaß eines Problems zu verstehen und gleichzeitig alle Beteiligten zu berücksichtigen (Europäische Kommission. Gemeinsame Forschungsstelle 2022).

Im Rahmen des kritischen Denkens ist es wichtig, die zugrunde liegenden Annahmen zu erkennen, etablierte Normen infrage zu stellen und zu berücksichtigen, wie individuelle, gesellschaftliche und kulturelle Perspektiven unsere Gedanken und Entscheidungen beeinflussen können, um Informationen und Argumente effektiv zu bewerten. Kritisches Denken wird als wesentlich angesehen, damit Schüler mit Unvorhersehbarkeit, Komplexität und Veränderung umgehen können (Sala et al. 2020). Kritisches Denken ist eine fortgeschrittene geistige Aktivität, die verschiedene Fähigkeiten umfasst, die erforderlich sind, um Informationen im Zusammenhang mit

Nachhaltigkeitsthemen zu bewerten und zu verstehen. Dies ermöglicht es dem Einzelnen, seine Perspektive zu erweitern, ohne Informationen und ihre Quellen blind zu akzeptieren. Letztendlich sollte der Einzelne sich sicher fühlen, wenn er Informationen aus verschiedenen Studienbereichen erhält und kombiniert (Flint, McCarter, und Bonniwell 2000). Eine kritische Perspektive ermöglicht es dem Einzelnen, seine Überzeugungen, Standpunkte und seine Wahrnehmung der Welt zu hinterfragen und zu verändern (Giangrande et al. 2019).

### 1.3.3 Selbstbestimmungstheorie

Die Selbstbestimmungstheorie (SDT) ist eine bekannte Motivationstheorie, die Führungskräften einen wissenschaftlich untermauerten Leitfaden für die wirksame Motivation ihrer Mitarbeiter an die Hand gibt. Die SDT identifiziert die sozialen und kontextuellen Elemente, wie z. B. den zwischenmenschlichen Ansatz von Führungskräften, die wichtige Prädiktoren für eine starke Motivation in einem Arbeitsumfeld sind (Deci, Olafsen, und Ryan 2017). Die Theorie besagt, dass es drei grundlegende psychologische Bedürfnisse des Menschen gibt (Autonomie, Kompetenz und Verbundenheit), die für Motivation, Glück und Spitzenleistung entscheidend sind. Wenn die psychologischen Grundbedürfnisse eines Mitarbeiters erfüllt sind, neigen sie dazu, von einer autonomen Motivation angetrieben zu werden. Das heißt, sie engagieren sich stark für ihre beruflichen Aufgaben und beteiligen sich bereitwillig an ihren Arbeitsaufgaben. (Deci und Ryan 2014). Die Befriedigung der psychologischen Grundbedürfnisse der Arbeitnehmer steigert nicht nur ihr Wohlbefinden, ihre Arbeitszufriedenheit, ihr Engagement und ihre Leistung, sondern führt auch zu einer Vielzahl anderer positiver Ergebnisse am Arbeitsplatz. Die Befriedigung der psychologischen Grundbedürfnisse eines Arbeitnehmers wirkt sich auf die Art der Motivation aus, die der Einzelne für seine berufliche Tätigkeit aufbringt. Wenn Führungskräfte Unabhängigkeit, Kompetenz und Verbundenheit fördern, neigen Mitarbeiter eher dazu, sich selbst zu motivieren. (Van Den Broeck et al. 2016). Selbstmotivierte Mitarbeiter arbeiten fleißig, nehmen ihre Aufgaben mit Begeisterung und einem klaren Verständnis für den Wert und die Bedeutung ihrer Rolle wahr. Sie übernehmen die Verantwortung für ihre Aufgaben und führen sie selbstständig aus (Ryan und Deci 2017). Diese Theorie wurde in Kombination mit dem GreenComp Framework verwendet, um den Fragebogen zu erstellen (Abb. 3.6).

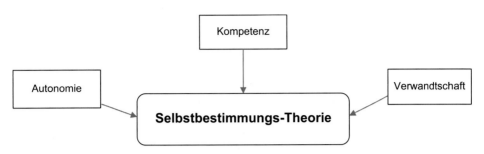

**Abb. 3.6** Theoretische Grundlage SDT

**Abb. 3.7** Konzeptioneller Rahmen

### 1.4 Konzeptioneller Rahmen

In dieser Studie wurden zwei Variablen verwendet: die Motivation für Nachhaltigkeit von Projektmanagern und die Kompetenz des kritischen Denkens. Es wurde untersucht, ob es eine Beziehung zwischen den beiden Variablen gibt (Abb. 3.7).

### 6. Die Forschungsmethode

Damit ist ihre eigene Auswahl der Mittel und Methoden/Werkzeuge, zur Beantwortung der gestellten Forschungsfrage gemeint. Dieser Abschnitt enthält eine detaillierte Beschreibung Ihres Ansatzes zur Beantwortung Ihrer Forschungsfrage. Die Wahl dieses Ansatzes ist klar und deutlich zu begründen. Ebenso sind kurz alle alternativen Ansätze zu erörtern, die ursprünglich in Betracht gezogen, aber letztendlich verworfen wurden. Diese Entscheidung ist zu begründen. Es ist nicht erforderlich, detaillierte Beschreibungen etablierter, bekannter Ansätze zu geben. Bezüglich Analyseinstrumenten, -verfahren oder Testmethoden genügt es, relevante Quellen zu zitieren. Ihre Beschreibung sollte vollständig sein, sodass es dem Leser möglich ist, die Ergebnisse Ihrer Forschung mit den angegebenen Mitteln und Methoden zu reproduzieren, die Sie zur Erlangung Ihrer Forschungsergebnisse verwendet haben. Beschreiben Sie ausführlich das Datenformat und andere Anforderungen in Bezug auf die Durchführung statistischer Tests und Analysen. Vermeiden Sie verfahrenstechnische Abkürzungen, die die Beschreibung Ihrer Methodik für interessierte Leser unbrauchbar machen [4].

Die Methodik

## 2. Forschungsmethodik

### 2.1 Forschungsdesign und Stichprobenauswahl

Für diese Untersuchung wurde eine standardisierte schriftliche Online-Umfrage als quantitative Methode gewählt. Das Hauptaugenmerk lag auf der Erforschung des Zusammenhangs zwischen kritischem Denken und der Motivation für Nachhaltigkeit. Da es keine vorgegebene Liste von Projektmanagern gibt, wurde eine Nicht-Wahrscheinlichkeitsstichprobe verwendet. Das Hauptziel dieser Methode ist es, eine repräsentative Stichprobe zu gewährleisten. Die Stichproben wurden nach dem Zufallsprinzip über meine persönlichen und beruflichen Netzwerke ausgewählt. Darüber hinaus wurde das Schneeballsystem angewandt, bei dem die Teilnehmer ermutigt wurden, den Link zur Umfrage an andere potenzielle Projektmanager weiterzugeben. Die Umfrage selbst war als selbstverwalteter Online-Fragebogen konzipiert. Eine Studie mit dem Titel „Exploring the values of a Sustainable Project Manager" wurde von Sluijs und Silvius (2023) auf ähnliche Weise durchgeführt.

Der digitale Fragebogen enthielt Fragen zur Motivation für die Einführung nachhaltiger Projektmanagementpraktiken und zur Beherrschung des kritischen Denkens. Für die Bewertung wurde eine ordinale Likert-Skala verwendet. Zusätzlich wurden demografische Informationen wie Alter, Geschlecht, Nationalität, Bildungshintergrund und Beschäftigungsstatus erhoben.

Für die Hypothese a priori wurde mit G-Power eine Gesamtstichprobengröße von 84 ($p = 0,3$, Power: 0,8, two-tailed) berechnet. Der digitale Fragebogen wurde im Februar 2024 vierzehn Tage lang durchgeführt. In diesem Zeitraum gab es 26 Befragte, die alle als gültig angesehen wurden. Die angestrebte Stichprobengröße von 84 Personen wurde jedoch innerhalb des kurzen Zeitraums von zwei Wochen nicht erreicht.

Für die Zwecke dieser Untersuchung wurde die Software SPSS zur Analyse der Daten verwendet. Die Daten wurden von der Online-Umfrageplattform SoSci zur Analyse an SPSS übertragen. Die untersuchten Schlüsselparameter waren die kontinuierlichen Variablen der Motivation für Nachhaltigkeit von Projektmanagern und die Kompetenz des kritischen Denkens. Kontinuierliche Daten wurden mittels deskriptiver Analyse untersucht, wobei Mittelwert und Standardabweichung für die zentrale Tendenz und die Streuung angegeben wurden. Zur visuellen Darstellung der Daten wurden Boxplots verwendet. Die Normalverteilung der Variablen wurde anhand von QQ-Plots bewertet, und die Zuverlässigkeit wurde mit Cronbachs Alpha gemessen. Zusätzlich wurden Streudiagramme und Boxplots verwendet, um weitere Einblicke in den Datensatz zu gewinnen. Anschließend wurden Signifikanztests mit einem Signifikanzniveau von 5 % für alle statistischen Analysen durchgeführt. Als Methode für den Signifikanztest wurde die Pearson-Korrelation verwendet. Alle Analysen wurden mit der SPSS-Software Version 29.0.1.0 (171) durchgeführt.

Die erwartete Antwort war, dass die Hypothese richtig ist und dass es keinen Zusammenhang zwischen der Kompetenz des kritischen Denkens und der Motivation für nachhaltiges Projektmanagement gibt.◄

## 7. Die Forschungsergebnisse

Beschreiben Sie präzise und detailliert die Ergebnisse, die mithilfe der unter Punkt 6 beschriebenen Forschungsmethodik erzielt wurden. Konzentrieren Sie sich auf die wesentlichen Punkte und vermeiden Sie das Abschweifen zu nur lose verwandten oder nicht verwandten Themen. Ihre Beschreibung sollte durch gut formatierte und gut lesbare Tabellen und Abbildungen unterstützt werden, die die Hauptaussagen unterstreichen. Vermeiden Sie die Verwendung von Beschriftungen in einer anderen Sprache als Englisch, da diese für ein Publikum, das nicht in der Lage ist, diese Sprache zu lesen, nicht verständlich sind. Legen Sie klare Belege und Beschreibungen zur Validierung der erzielten Ergebnisse durch andere Forscher oder in der beruflichen Praxis, die mit Ihrem akademischen Fachgebiet in Verbindung stehen, vor. Normalerweise werden Validierungsversuche mithilfe von Computersimulationen, die nur auf willkürlich konstruierten Modellen basieren, von Gutachtern, die mit der Bewertung Ihrer Arbeit betraut sind, als unzureichend angesehen, da solche Gutachter oft den Nachweis der Umsetzung Ihrer Ergebnisse in der Praxis bevorzugen [4].

---

**Forschungsergebnisse am Beispiel einer quantitativen Studie**

### 3. Datenanalyse und Diskussion

### 3.1 Normalitätsanalyse

**Tests of Normality**

| | Kolmogorov-Smirnov[a] | | | Shapiro-Wilk | | |
|---|---|---|---|---|---|---|
| | Statistic | df | Sig. | Statistic | df | Sig. |
| Critical thinking | ,213 | 26 | ,004 | ,892 | 26 | ,011 |
| Motivation for sustainable project management | ,303 | 26 | <,001 | ,732 | 26 | <,001 |

a. Lilliefors Significance Correction

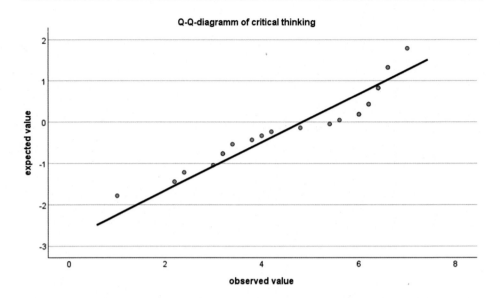

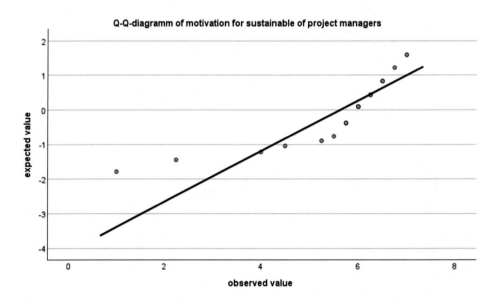

Alle kontinuierlichen Variablen sind annähernd normalverteilt.

**Variablen Kombination:**

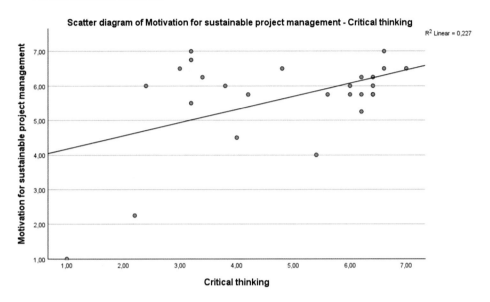

Das Punktediagramm zeigt eine lineare Beziehung.

### 3.2 Verlässlichkeit der Skalen

Scala: Motivation für Nachhaltigkeit

**Case Processing Summary**

|        |           | N  | %     |
|--------|-----------|----|-------|
| Cases  | Valid     | 26 | 100,0 |
|        | Excluded[a] | 0  | ,0    |
|        | Total     | 26 | 100,0 |

a. Listwise deletion based on all variables in the procedure.

**Reliability Statistics**

| Cronbach's Alpha | N of Items |
|------------------|------------|
| ,950             | 4          |

**Item-Total Statistics**

|            | Scale Mean if Item Deleted | Scale Variance if Item Deleted | Corrected Item-Total Correlation | Cronbach's Alpha if Item Deleted |
|------------|----------------------------|--------------------------------|----------------------------------|----------------------------------|
| Motivation | 16,9615                    | 17,958                         | ,877                             | ,935                             |
| A201_02    | 16,9615                    | 17,478                         | ,880                             | ,933                             |
| A201_03    | 16,7692                    | 16,585                         | ,905                             | ,925                             |
| A201_04    | 16,9231                    | 16,474                         | ,858                             | ,942                             |

Scala: Kritisches Denken

**Case Processing Summary**

| | | N | % |
|---|---|---|---|
| Cases | Valid | 26 | 100,0 |
| | Excluded[a] | 0 | ,0 |
| | Total | 26 | 100,0 |

a. Listwise deletion based on all
variables in the procedure.

**Reliability Statistics**

| Cronbach's Alpha | N of Items |
|---|---|
| ,887 | 5 |

**Item-Total Statistics**

| | Scale Mean if Item Deleted | Scale Variance if Item Deleted | Corrected Item-Total Correlation | Cronbach's Alpha if Item Deleted |
|---|---|---|---|---|
| Critical | 19,5000 | 45,620 | ,798 | ,846 |
| A001_02 | 19,7308 | 43,165 | ,842 | ,834 |
| A001_03 | 18,2692 | 59,885 | ,529 | ,904 |
| A001_04 | 19,4231 | 44,574 | ,790 | ,848 |
| A001_05 | 19,8462 | 47,335 | ,705 | ,869 |

Die Cronbachs Alpha aller Skalen sind > 0,800. Die kontinuierlichen Skalen können daher als zuverlässig bezeichnet werden.

### 3.3 Pearson-Korrelation

**Correlations**

| | | Critical thinking | Motivation for sustainable project management |
|---|---|---|---|
| Critical thinking | Pearson Correlation | -- | |
| | N | 26 | |
| Motivation for sustainable project management | Pearson Correlation | ,476[*] | -- |
| | Sig. (2-tailed) | ,014 | |
| | N | 26 | 26 |

*. Correlation is significant at the 0.05 level (2-tailed).

Sie zeigt eine positive signifikante Beziehung ($r(N = 26) = 0{,}476$, $p = 0{,}014$).

### 3.4 Zusammenfassung der Hypothesen

Die Korrelation hat eine positive signifikante Beziehung (r = 0,476). Die Kompetenz des kritischen Denkens steht in einem signifikanten Zusammenhang mit der Motivation zur Nachhaltigkeit von Projektmanagern. Die Null-Hypothese, dass es einen Zusammenhang zwischen der Motivation zur Nachhaltigkeit von Projektmanagern und der Kompetenz des kritischen Denkens gibt, konnte nicht verworfen werden. Post hoc wurde mit G-Power eine Power von 0,71 berechnet.◄

8. **Die Diskussion ihrer Forschungsergebnisse**

Dies ist möglicherweise der wichtigste Abschnitt, mit dem die potenziellen Gutachter die Prüfung Ihrer Arbeit beginnen. Beschreiben Sie, was Ihre Ergebnisse bedeuten und warum sie für die Zielgruppe/Leser/Stakeholder, an die sich die Arbeit richtet, wichtig sind. Erläutern Sie detailliert den Beitrag Ihrer Ergebnisse zu den neuen Erkenntnissen in Ihrer eigenen wissenschaftlichen Disziplin und darüber hinaus [4].

**Ergebnisse und Beitrag**

### 3.5 Schlussfolgerung

Das Hauptziel der in diesem Artikel vorgestellten Untersuchung ist es, zu erforschen, ob es einen Zusammenhang zwischen der Motivation von Projektmanagern für Nachhaltigkeit und ihren Fähigkeiten zum kritischen Denken gibt, und den Unternehmen Empfehlungen zu geben, wie sie die Integration des nachhaltigen Projektmanagements verbessern oder beeinflussen können. Die ursprüngliche Forschungsfrage lautete: Korreliert die Motivation für Nachhaltigkeit bei Projektmanagern mit ihrer Kompetenz zum kritischen Denken?

Für die Untersuchung wurde der GreenComp-Kompetenzrahmen herangezogen, der aus vier Kompetenzbereichen und zwölf spezifischen Kompetenzen besteht. Um herauszufinden, ob die Fähigkeiten von Projektmanagern zum kritischen Denken mit einem stärkeren Engagement für Nachhaltigkeit verbunden sind, wurde die Studie durchgeführt, um die Korrelation zwischen diesen beiden Variablen in der Stichprobe zu testen.

Die Ergebnisse der Studie zeigen eine positive Signifikanz (r = 0,476) zwischen der Motivation zur Nachhaltigkeit von Projektmanagern und der Kompetenz des kritischen Denkens. Aus den Ergebnissen der Korrelationstests lässt sich schließen, dass die Forschungshypothese, dass es keinen Zusammenhang zwischen der Kompetenz des kritischen Denkens und der Motivation für nachhaltiges Projektmanagement gibt, verworfen werden konnte. In dieser Studie besteht tatsächlich ein positiver signifikanter Zusammenhang zwischen den Kompetenzen des kritischen Denkens und der Motivation für Nachhaltigkeit bei Projektmanagern.

### 3.6 Beitrag

Diese Studie bietet eine wertvolle Ressource für Organisationen und Projektmanager, die die wesentlichen Fähigkeiten für ein erfolgreiches nachhaltiges Projektmanagement entwickeln und verbessern wollen. Sie stellt Schlüsselprinzipien und Quellen vor, die das Erreichen von Zielen des nachhaltigen Projektmanagements und die Kultivierung von Nachhaltigkeitskompetenzen unterstützen. Angehende Projektmanager können diese Studie nutzen, um ihre zwischenmenschlichen Fähigkeiten in ihrem Lebenslauf darzustellen. Ein wichtiger Beitrag dieser Studie ist die umfassende Untersuchung nachhaltiger Projektkompetenzen, die das Zusammenspiel zwischen Projektmanagerfähigkeiten und Projektnachhaltigkeit veranschaulicht. Durch die Erweiterung der aktuellen Literatur führt diese Studie neue Perspektiven auf nachhaltiges Projektmanagement ein und liefert empirische Beweise für den Einfluss der Kompetenz des Projektmanagers, kritisch zu denken, auf die Nachhaltigkeit von Projekten. In der vorhandenen Literatur gibt es noch zahlreiche unerforschte Zusammenhänge zwischen Nachhaltigkeitsmotivationen und Projektmanagerkompetenzen, die einer weiteren Klärung bedürfen. Die Ergebnisse dieser Studie unterstreichen, wie wichtig es ist, die spezifische Kompetenz des kritischen Denkens zu schärfen, um die Effektivität von Projektmanagern zu erhöhen.◄

### 9.  Fazit und Future Research

Dieser Abschnitt enthält eine kurze Zusammenfassung der wichtigsten Ergebnisse der vorgestellten Forschung. Es wird detailliert beschrieben, warum diese Ergebnisse für ein globales Publikum von Bedeutung sind und nicht nur für nationale oder regionale Interessengruppen. Des Weiteren werden die Grenzen der erzielten Ergebnisse aufgezeigt und Vorschläge gemacht, wie diese Einschränkungen durch Folgeforschung überwunden werden können. Zudem wird ausführlich beschrieben, wie die präsentierten Ergebnisse künftige Forschergenerationen weltweit inspirieren werden, die in denselben oder verwandten akademischen und beruflichen Bereichen forschen möchten [4].

## Limitationen und Future Research

### 3.7 Beschränkungen

Die wichtigste Einschränkung dieser Studie ist die Stichprobengröße und die Dauer der Studie, die nur zwei Wochen betrug. Im Rahmen der Studie wurde das Feedback von 26 Projektmanagern gesammelt und analysiert, was unter der geplanten Stichprobengröße von 84 liegt. Dennoch wies die demografische Zusammensetzung der Stichprobe eine typische Verteilung auf, was die Zuverlässigkeit der Repräsentativität der Studie erhöht.

Eine weitere Einschränkung der Studie ergab sich aus der verwendeten selbstverwalteten Umfrage. Zunächst wurde die Umfrage auf einem Computer entworfen und getestet. Anschließend wurde der Link zur Umfrage über verschiedene Online-Plattformen verbreitet. Da jedoch immer mehr Menschen Mobiltelefone benutzen, war es für einige Teilnehmer aufgrund der eingeschränkten Sichtbarkeit ihrer Geräte schwierig, bestimmte Fragen zu beantworten.

Darüber hinaus könnte argumentiert werden, dass das vorhandene Wissen über Nachhaltigkeit bei den Teilnehmern eine potenzielle Verzerrung in der Stichprobe hervorrufen könnte. Projektmanager, die bereits über ein solides Verständnis von Nachhaltigkeit verfügen und sich in ihrer Arbeit regelmäßig mit diesem Thema befassen, nehmen möglicherweise eher an einer solchen Studie teil, als Projektmanager, die keine Vorkenntnisse über Nachhaltigkeit haben.

### 3.8 Empfehlungen und weitere Forschung

Um das Streben nach Nachhaltigkeit bei Projektmanagern zu kultivieren und nachhaltiges Projektmanagement in Unternehmen zu integrieren, ist es empfehlenswert, die im GreenComp-Rahmenwerk skizzierten Kompetenzen zu berücksichtigen, mit besonderem Fokus auf die Fähigkeit des kritischen Denkens, die in dieser Untersuchung im Mittelpunkt stand.

Diese Studie bestätigt, dass eine stärkere Betonung der Fähigkeit des kritischen Denkens zu einer erhöhten Motivation für Nachhaltigkeit bei Projektmanagern führt. Kritisches Denken ist auch eine Kompetenz, die sehr gut in den Rahmen der Selbstbestimmungstheorie passt und so helfen wird, nachhaltiges Projektmanagement auf einer selbstverantwortlichen Ebene umzusetzen.

Die in diesem Artikel vorgestellte Forschungsarbeit soll die wachsende Literatur über die Bedeutung von Motivation im nachhaltigen Projektmanagement und deren Zusammenhang mit Kompetenzen erweitern. Es wurde untersucht, wie die Motivation eines Projektmanagers für Nachhaltigkeit durch seine persönliche Kompetenz im kritischen Denken beeinflusst wird. Da sich die Studie auf eine europäische Stichprobe konzentrierte, könnten künftige Forschungsarbeiten diese Faktoren in anderen geografischen Gebieten, wie Asien oder den USA, untersuchen.

Unternehmen, die ein nachhaltiges Projektmanagement einführen oder ausbauen wollen, kann daher empfohlen werden, kritisches Denken bei ihren Projektmanagern zu fördern und zu schulen. Dies ist ein guter Ausgangspunkt für eine nachhaltigere Organisation und ein Ansatzpunkt für weitere wissenschaftliche Untersuchungen. Wie genau ein solches Training der Fähigkeiten zum kritischen Denken aussehen sollte, wurde in dieser Studie nicht diskutiert. Eine weitere Studie könnte sich damit befassen und herausfinden, ob verschiedene Arten von Schulungen zum kritischen Denken die Motivation für Nachhaltigkeit bei Projektmanagern beeinflussen. Darüber hinaus sollten auch die anderen im GreenComp aufgeführten Kompetenzen auf ihre Bedeutung für die Nachhaltigkeitsmotivation von Projektmanagern untersucht werden.◄

10. **Das Literaturverzeichnis**

Achten Sie darauf, dass alle zitierten Artikel vollständige bibliografische Angaben enthalten. Vermeiden Sie das Zitieren von einer übermäßigen Anzahl von Referenzen, die möglicherweise redundant sind und Referenzen in anderen Sprachen als Englisch.

Wenn Sie sich gezwungen sehen, eine nicht-englischsprachige Referenz zu zitieren, geben Sie unbedingt eine englische Übersetzung des Titels an (in Klammern neben dem Titel in der Sprache der Veröffentlichung).

Es gibt eine wachsende Tendenz, einen digitalen Objekt Identifikator (DOI) für jeden zitierten Zeitschriftenartikel oder Konferenzbeiträge anzugeben, eine ISBN für jede Buchreferenz und eine Webadresse mit dem Datum des letzten Zugriffs für alle Web-Ressourcen.

Es wird immer weniger Wert auf ein bestimmtes Format der Referenzen gelegt – solange die zitierten Artikel einheitlich aufgelistet werden, da die Satzverfahren für Artikel bei den Verlagen derzeit automatisiert sind und die Konvertierung von einem Referenzformat in ein anderes problemlos möglich ist [4].

**Literaturverzeichnis**

Alvarez-Dionisi, Luis Emilio, Rodney Turner, and Mitali Mittra. 2016. 'Global Project Management Trends'. *International Journal of Information Technology Project Management (IJITPM)* 7 (3): 54–73. https://doi.org/10.4018/IJITPM.2016070104.

Deci, Edward L., Anja H. Olafsen, and Richard M. Ryan. 2017. 'Self-Determination Theory in Work Organizations: The State of a Science'. *Annual Review of Organizational Psychology and Organizational Behavior* 4 (1): 19–43. https://doi.org/10.1146/annurev-orgpsych-032.516-113.108.

Deci, Edward L., and Richard M. Ryan. 2014. 'The Importance of Universal Psychological Needs for Understanding Motivation in the Workplace'. *The Oxford Handbook of Work Engagement, Motivation, and Self-Determination Theory* 13.

European Commission. Joint Research Centre. 2022. *GreenComp, the European Sustainability Competence Framework.* LU: Publications Office. https://data.europa.eu/doi/10.2760/13.286.

Flint, R., W. McCarter, and T. Bonniwell. 2000. 'Interdisciplinary Education in Sustainability: Links in Secondary and Higher Education: The Northampton Legacy Program'. 2000. https://www.researchgate.net/publication/235292243_Interdisciplinary_education_in_sustainability_links_in_secondary_and_higher_education_The_Northampton_Legacy_Program.

Giangrande, N., R. M. White, M. East, R. Jackson, T. Clarke, M. Saloff Coste, and G. Penha-Lopes. 2019. 'A Competency Framework to Assess and Activate Education for Sustainable Development: Addressing the UN Sustainable Development Goals 4.7 Challenge'. 2019.

Goni, Feybi Ariani, Syaimak Abdul Shukor, Muriati Mukhtar, and Shahnorbanun Sahran. 2015. 'Environmental Sustainability: Research Growth and Trends'. *Advanced Science Letters* 21 (2): 192–95. https://doi.org/10.1166/asl.2015.5850.

Haugan, Gregory T. 2013. *Sustainable Program Management*. Auerbach Publications.

…◄

Die meisten hochrangigen Zeitschriftenverlage haben inoffiziell die strengen Beschränkungen für die Anzahl der Seiten oder Wörter, die eine Arbeit enthalten darf, aufgehoben, da die meisten bezahlten Abonnements derzeit elektronisch sind. Dies entlastet die Autoren von der Pflicht, den Umfang ihrer Artikel zu beschränken, was eine vollständige Darstellung der relevanten Forschungsergebnisse ermöglicht. Außerdem können Datensätze, die bei der Durchführung der vorgestellten Forschungsarbeiten verwendet wurden, in Cloud-basierten Repositorien gespeichert werden, die für alle Beteiligten zugänglich sind [4].

Das hier verwendete Beispiel aus dem Bereich des nachhaltigen Projektmanagements ist nur ein Beispiel von vielen. Suchen sie sich über Google Scholar die passenden Artikel aus ihrer Disziplin. Sehen sie sich an wie andere Autoren, die eine ähnliche Forschung durchgeführt haben, ihre Artikel aufbauen und schreiben. Dies hat den größten Lerneffekt. Wenn sie bereits wissen, bei welchem Journal sie publizieren möchten, dann sehen sie sich dort Artikel an und analysieren ihren Aufbau. Vielleicht können sie Kriterien erkennen, die bei diesem Journal besonders wichtig sind.

## 3.5.2 Tipps für einen erfolgreichen Artikel

1. **Schreiben Sie für Ihr Publikum** [6]

   Beim Schreiben geht es darum, mit einem bestimmten Publikum zu kommunizieren. Beachten Sie somit die Leserschaft der einzelnen Journals. Schreiben Sie für die Leser und nicht für sich. Jedes Journal hat ein anderes Publikum. Recherchieren sie vorher, um die richtige Zielgruppe anzusprechen.

2. **Begründen sie ihren Artikel und zeigen sie den neuen Beitrag zur Wissenschaft**

   Sich an einem laufenden Forschungsgespräch zu beteiligen, bedeutet nicht nur, frühere Forschungsergebnisse zu würdigen, sondern auch etwas Neues zu diesem Thema beizutragen. Die Autoren müssen ihren geplanten neuen Beitrag in ihrer Einleitung begründen und umrahmen. In der Begründung muss klar dargelegt werden, warum die neue Suche/Forschung notwendig ist [6].

3. **Erzählen Sie mit Ihrem Artikel eine Geschichte**

   Die Lektüre bereits veröffentlichter Arbeiten veranschaulicht die sehr einfache Logik und Struktur, die für fast alle wissenschaftlichen Zeitschriften im Bereich Management typisch sind. Akademisches Schreiben hat bestimmte Konventionen, und die

Einhaltung dieser Konventionen fördert das Verständnis der Leser für die Botschaft der Autoren Botschaft der Autoren. Die Autoren sollten ihre Geschichte einfach und logisch strukturieren und neue Argumente sehr sorgfältig aufbauen [6].

Der Kerngedanke oder Beitrag der Arbeit sollte im Titel der Arbeit erscheinen. Der Titel sollte immer einfach und informativ sein und den Beitrag von anderen Beiträgen unterscheiden. Alle Arbeiten benötigen eine Zusammenfassung, eine Einleitung und eine Schlussfolgerung. Empirische Arbeiten sind in der Regel klar gegliedert von einer Einleitung und Literaturübersicht zu Methoden, Ergebnissen, Diskussion und Schlussfolgerungen. Auch wenn wissenschaftliche Arbeiten im Management eine ähnliche Struktur haben, hat jede Arbeit eine ganz eigene Geschichte, Ihre eigene Argumentation. Unabhängig von der Methodik oder Ansatz einer Arbeit ist es wichtig, dass die Geschichte logisch aufgebaut ist und mit der gewählten Forschungsstrategie übereinstimmt. Wie alle Geschichten haben auch wissenschaftliche Artikel einen Anfang und ein Ende – es ist wichtig sicherzustellen, dass die Versprechen vom Anfang am Ende auf kohärente und flüssige Weise erfüllt werden [6].

## 3.6    Das Buchkapital

*„Es gibt mehr Schätze in Büchern als Piratenbeute auf der Schatzinsel... und das Beste ist, du kannst diesen Reichtum jeden Tag deines Lebens genießen."*

– Walt Disney –

### 3.6.1    Bei einem Herausgeberwerk mitwirken

Bei einem Herausgeberwerk sind die Weichen für die Themenrichtung bereits vorher gestellt. Der Herausgeber spricht sie als Experte entweder direkt an oder gibt einen *Call* heraus.

In den meisten Fällen haben Sie sich auf einen *Call for papers* oder *Call for Participation* mit Ihrem Thema gemeldet und im positiven Fall eine Zusage vom Herausgeber bekommen, dass Sie beim Buchprojekt dabei sind. Halten Sie auf Socail Media die Augen offen, vernetzen Sie sich mit Menschen, die Herausgeberwerke in Ihrem Fachbereich herausbringen.

Eine Zusage zu bekommen, dass Sie ein Kapitel in einem Buch mitschreiben können, ist die erste Hürde, die Sie nehmen müssen.

Bevor sie das Schreiben beginnen, checken sie die Anforderungen vom Herausgeber und auch die des Verlags. Vielleicht gibt es ein Template, dass Sie benutzen sollen, eine besondere Zitierform oder Ähnliches. Klären Sie das vor Beginn Ihres Schreibprojektes ab. Das spart Ihnen Mühe und Zeit am Ende und macht zudem einen guten Eindruck, wenn Ihr Manuskript den formalen Anforderungen entspricht.

### 3.6.2 Sich mit einem Kapitel als Experte positionieren

Ein Buchkapitel ist eine hervorragende Möglichkeit, sich selbst zu bewerben und als Experte in einem bestimmten Bereich zu präsentieren. Durch die Veröffentlichung eines Buchkapitels können Sie Ihre Fachkenntnisse und Ihr Know-how einem breiten Publikum präsentieren und sich als Autorität auf Ihrem Gebiet etablieren.

Es ist wichtig, gezielt zu wählen, an welchen Publikationen man sich beteiligt, um den eigenen Namen und das eigene Fachwissen bestmöglich zu präsentieren. Durch die Veröffentlichung eines Buchkapitels können Sie sich als kompetenter und vertrauenswürdiger Experte positionieren und neue Möglichkeiten für Ihr berufliches Netzwerk und Ihre Karriere eröffnen.

Insgesamt bieten Herausgeberwerke den Autoren die Chance, sich einer breiten Leserschaft zu präsentieren und ihr Wissen über relevante Themen zu teilen. Dies kann nicht nur dazu beitragen, das eigene Fachgebiet voranzubringen, sondern auch dazu dienen, neue Erkenntnisse und Perspektiven zu gewinnen. Indem Sie sich aktiv an Buchprojekten beteiligen, können Sie Ihre Reichweite und Sichtbarkeit in der Fachwelt erhöhen und Ihr persönliches Wachstum vorantreiben. Nutzen Sie diese Gelegenheit, um Ihre Expertise zu zeigen und als wertvolle Stimme in Ihrem Bereich wahrgenommen zu werden.

Durch den Austausch von Expertise und Meinungen im Rahmen von Buchprojekten können wertvolle Synergien entstehen. Indem Sie aktiv an solchen gemeinsamen Projekten teilnehmen, eröffnen sich Ihnen nicht nur neue Perspektiven und Einsichten, sondern auch die Möglichkeit, von den Kenntnissen anderer Experten zu profitieren. Die gemeinsame Zusammenarbeit ermöglicht es, voneinander zu lernen und sich gegenseitig zu inspirieren. So entsteht ein fruchtbarer Nährboden für Innovation und persönliches Wachstum. Indem Sie sich aktiv in solche Netzwerke einbringen, können Sie Ihr eigenes Wissen vertiefen und gleichzeitig wertvolle Beziehungen zu Gleichgesinnten aufbauen. Diese kollaborativen Projekte bieten nicht nur die Chance, Ihr Berufsleben voranzutreiben, sondern auch dazu beizutragen, ein starkes und unterstützendes berufliches Umfeld aufzubauen, das Ihnen dabei hilft, Ihre Ziele zu erreichen und als Experte wahrgenommen zu werden.

### 3.6.3 Der Aufbau eine Kapitels

Beim Strukturieren und Aufbau eines Kapitels für ein Verlagswerk sind bestimmte Schritte und Überlegungen entscheidend. Zunächst ist es wichtig, ein klares Ziel für das Kapitel zu definieren und sich auf den Kerninhalt zu konzentrieren. Die Struktur sollte logisch und leicht verständlich sein, um den Leser durch den Text zu führen.

Ein gelungenes Kapitel beginnt in der Regel mit einer prägnanten Einleitung, die das Thema einführt und die Leser neugierig macht. Ein geschickter Übergang von der

Einleitung zum Hauptteil des Kapitels ist entscheidend, um das Interesse der Leser aufrechtzuerhalten. Dabei sollte darauf geachtet werden, dass die verschiedenen Abschnitte fließend ineinander übergehen und eine klare inhaltliche Struktur erkennbar ist. Grafiken, Beispiele oder Zitate können dabei helfen, komplexe Themen verständlich und anschaulich zu präsentieren. Eine gut gewählte Schlussfolgerung rundet das Kapitel ab und gibt den Lesern einen Ausblick auf das, was sie im weiteren Verlauf des Werks erwartet. Ein Kapitel, das diese Schritte berücksichtigt, wird nicht nur informativ, sondern auch inspirierend und motivierend für die Leser sein.

Es ist wichtig, während des Schreibens auf eine klare und verständliche Sprache zu achten. Fachbegriffe sollten erklärt und schwierige Konzepte verständlich dargestellt werden, um sicherzustellen, dass der Leser den Inhalt problemlos nachvollziehen kann.

Häufige Fehler beim Strukturieren und Aufbau eines Kapitels sind Unklarheiten in der Gliederung, ein Mangel an Strukturierung oder ein zu komplexer Aufbau, der den Leser überfordern kann.

Insgesamt ist es beim Strukturieren und Aufbau eines Kapitels wichtig, sich auf das Ziel und den Inhalt zu fokussieren, eine klare und logische Struktur zu schaffen und auf eine verständliche Sprache zu achten. Durch sorgfältige Planung und Umsetzung kann ein Kapitel entstehen, das den Leser überzeugt und informiert.

▶    **Anleitung zum Strukturieren eines Kapitels**

1. Einführung:
   Beginnen Sie Ihr Kapitel mit einer klaren Einleitung, die das Thema vorstellt und die Leser neugierig macht.
   Definieren Sie das Ziel des Kapitels und legen Sie den Fokus auf den Hauptinhalt.
2. Hauptteil:
   Unterteilen Sie den Hauptteil in logische Abschnitte oder Unterkapitel, um die Struktur zu gliedern.
   Stellen Sie die Informationen klar und verständlich dar, verwenden Sie Beispiele und Visualisierungen, um komplexe Themen zu verdeutlichen.
   Achten Sie darauf, den roten Faden nicht zu verlieren und sicherzustellen, dass alle Unterthemen zum Gesamtkontext des Kapitels passen.
3. Schluss:
   Schließen Sie Ihr Kapitel mit einer Zusammenfassung der wichtigsten Punkte ab.
   Geben Sie einen Ausblick auf das nächste Kapitel oder verweisen Sie auf weiterführende Literatur oder Ressourcen.

Wichtige Überlegungen:

- Definieren Sie das Ziel des Kapitels und halten Sie sich während des gesamten Schreibprozesses daran.

- Achten Sie auf eine klare und verständliche Sprache, erläutern Sie Fachbegriffe und komplexe Konzepte, um den Leser zu begleiten.
- Strukturieren Sie Ihr Kapitel logisch und übersichtlich, um den Lesefluss zu erleichtern und sicherzustellen, dass die Informationen leicht aufgenommen werden können.
- Überprüfen Sie den Aufbau Ihres Kapitels regelmäßig und passen Sie ihn gegebenenfalls an, um eine konsistente Struktur und eine gute Lesbarkeit zu gewährleisten.
- Vermeiden Sie häufige Fehler wie Unklarheiten in der Gliederung, überladene Texte oder fehlende Zusammenfassungen.
- Wenn sie ein Kapitel in einem wissenschaftlichen Buch schreiben können sie sich beim Aufbau an Abschn. 3.5 orientieren. Hier sollten sie darauf achten das sie zitieren und wirklich alle Quellen angeben die sie verwendet haben.

## 3.7 Das eigene Buch

Siehe Abb. 3.8.

### 3.7.1 Warum ein Buch schreiben?

*„Von allen Welten, die der Mensch erschaffen hat, ist die der Bücher die Gewaltigste."*

**Abb. 3.8** Der Autor – Interpretation von Musavir.ai

– Heinrich Heine

Ein Buch stellt eines der effektivsten Mittel dar, um ein Thema zu besetzen und dadurch bekannt zu werden. Es dient dazu, Ihre Anerkennung als vertrauenswürdige und glaubwürdige Expertin zu unterstreichen. Sie zeigen damit, dass Sie die Lösung für ein wichtiges Problem kennen und geben Ihrem Fachgebiet einen persönlichen Stempel [7].

Als veröffentlichte Buchautorin oder veröffentlichter Buchautor profitieren Sie in mehrerer Hinsicht. Durch die Veröffentlichung von Büchern hinterlassen Autoren einen größeren digitalen Fußabdruck in Suchmaschinen im Vergleich zu denen, die keine Bücher veröffentlichen. Online-Buchhandelsplattformen haben sich zu starken Suchmaschinen entwickelt. Wer in einem bestimmten Fachgebiet präsent sein möchte, wird mit einem veröffentlichten Werk sichtbarer. Ein Buch ist eines der wirksamsten Mittel, um ein Thema zu besetzen und bekannt zu werden. Es dient dazu, Vertrauen als Expertin oder anerkannter Spezialist aufzubauen. Diese öffentliche Anerkennung ermöglicht es, höhere Preise zu rechtfertigen und eröffnet neue Geschäftsmöglichkeiten durch gesteigerte Bekanntheit und Reputation, wie z. B. den Verkauf von Merchandising-Produkten, Workshops oder ergänzenden Produktlinien. Für Bloggerinnen und Blogger, die bereits seit langem einen Blog betreiben, bietet die Veröffentlichung eines gedruckten Buches die Möglichkeit, ihren Leserkreis zu erweitern – insbesondere um jene Menschen, die es vorziehen, sich mit einem Buch in der Hängematte zu entspannen, anstatt stundenlang im Internet zu surfen. Zusätzlich können Sie durch ein Buch Ihre Kompetenz in einem spezifischen Fachgebiet umfassend darstellen. Das gewinnbringende Wiederverwenden vorhandener Blogbeiträge in Form eines Buches ist eine der nachhaltigsten Strategien des Content-Recyclings [7].

Viele Fachleute haben mir bereits gleichgültig gesagt: „Ach, es gibt schon so viele Bücher zu meinem Thema. Da brauche ich nicht auch noch eins zu schreiben." Das ist richtig, alle Geschichten wurden bereits erzählt, nur nicht von Ihnen! [7].

Haben Sie eine neue, eigene Methode entwickelt, um ein Problem zu lösen, die vielen Menschen hilft? Dann ist es höchste Zeit für Ihr Buch über diese Methode: „Die Ihr-Nachname-Formel" oder „Die Ihr-Nachname-Lösung" oder „Der Ihr-Nachname-Faktor". Besetzen Sie eine spezielle Nische? Gibt es in Ihrem Fachbereich nur wenige oder wenig gute Literatur? Und sind Sie interessant und relevant für eine große Community? Haben Sie eine besondere Geschichte zu erzählen, von der viele andere Menschen profitieren können? [7].

Wenn Sie bereits einen gut besuchten Blog betreiben, haben Sie einen klaren Vorteil, da die Zugriffszahlen auf einzelne Artikel ein Hinweis darauf sind, welche Themen wichtig, interessant und relevant sind. Durch das Interesse, das Sie anhand von Suchanfragen und Seitenaufrufen erkennen können, entwickeln Sie rasch ein Gespür dafür, welche Buchthemen auf großes Interesse stoßen könnten [7].

Das Schreiben eines Buches ist in der Regel keine leichte Aufgabe. Ein solcher Schritt sollte gut durchdacht sein. Recherchieren Sie, was die Menschen benötigen, die Sie ansprechen möchten. Überlegen Sie sich, welchen Effekt Ihr Buch haben soll [7].

### 3.7.2 Einen Verlag finden und ein Exposeé schreiben

**Verlag oder Self-publishing?**

Um ein Buch zu publizieren, empfehle ich Ihnen, sich einen Verlag zu suchen. Natürlich können sie es auch selbst verlegen. Hierfür gibt es genug Anbieter im Internet. Jedoch sollten Sie bedenken, dass Sie dann alles selbst machen und auch dafür sorgen müssen, dass sich das Buch verkauft. Da wir hier über das erste Buch sprechen, ihr erstes Buch, empfehle ich Ihnen einen Verlag.

Verlage gibt es viele. Recherchieren Sie, welcher Verlag zu Ihnen passt. Sehen Sie sich an welche Bücher der Verlag publiziert. Sehen Sie sich die Themen an. Machen Sie sich eine Liste mit den Verlagen, die für Sie infrage kommen. Priorisieren Sie ihre Liste und starten Sie mit Nummer eins.

Gehen sie auf die Website des Verlages uns sehen Sie nach was die Anforderungen an das Exposé sind. Eventuell gibt es ein Template oder gar eine Einführungsveranstaltung für neue Autoren.

**Das Exposé**

**Für wen schreiben sie das Exposé?**

Erstens für sich selbst. Es klärt und fokussiert Ihr Anliegen und unterstützt Sie bei der Strukturfindung Ihres Buches.

Zweitens für Ihren zukünftigen Verlag. Die meisten Erstbuchverträge basieren auf einem Exposé, da nur wenige Verlage ganze Bücher lesen. Ein Exposé hilft Ihnen dabei, bereits vor Abschluss Ihres Buches einen Verlag zu finden. Es repräsentiert Ihr Buch und sollte daher von hoher Qualität sein.

Ihr Buch schreiben Sie für Ihre Leser und für sich selbst. Das Exposé verfassen Sie für potenzielle Verleger und für sich selbst.

Bei der Konzeption Ihres Buches ist es wichtig, den potenziellen Verlag als Ihre Zielgruppe zu betrachten, als Ihre Kunden. Sehen Sie Ihr Buch aus ihrer Sicht. Sie mögen von Ihrem Buch begeistert sein und vielleicht glauben, dass es die Welt verändern kann. Aber für einen Verlag ist vor allem eines von Bedeutung: die erfolgreiche Vermarktung von Büchern. Ihr Idealismus darf präsent sein, aber letztendlich sollten folgende Fragen beantwortet werden: Warum sollte dieses Buch veröffentlicht werden? Und warum gerade von Ihnen?

Mitarbeiter eines Verlags sind gewöhnlich aufgeschlossene und neugierige Personen wie Sie und ich, die jedoch oft wenig Zeit haben, die täglich viele Exposés erhalten, unter Druck stehen, profitabel zu arbeiten und deshalb Klarheit, Prägnanz, Freundlichkeit und Ihr wirtschaftliches Mitdenken sehr schätzen.

Sie erwarten von Ihrem Exposé innerhalb kürzester Zeit, in höchstens 1 min klare Antworten auf folgende Fragen:

- Passt das Thema in das Angebot Ihres Verlags?

- Schreiben Sie für Ihre Zielgruppe?
- Haben Sie eine fesselnde Idee?
- Kann diese erfolgreich vermarktet werden?
- Sind Sie in der Lage, die Grundidee in ein gutes Buch umzusetzen?
- Sind Sie bereit und in der Lage, aktiv am Verkauf mitzuwirken?

▶ **Punkte die Verleger positiv ansprechen [8]**

- Ein fesselnder Titel, um Ihre Aufmerksamkeit im Buchladen zu gewinnen.
- Die zentrale, spannende Idee Ihres Buches.
- Ihr einzigartiger Schreibstil.
- Ihre persönliche Hintergrundgeschichte und Besonderheiten wie eine unge-
  wöhnliche Handlung, Bekanntheit oder Expertise in einem bestimmten Bereich.
- Die Aktualität des Themas in Bezug auf Trends und gesellschaftliche Entwick-
  lungen.
- Ihre Fähigkeit zum Marketing, kreative Ideen und starke Netzwerke.
- Die Übereinstimmung Ihrer Zielgruppe mit der des Verlags und die Einschät-
  zung der potenziellen Marktgröße.
- Alternativen zur Nutzung des Buchinhalts wie Hörbuchproduktion, Kartenspiele
  oder Vorträge.
- Möglichkeiten für den Verkauf großer Stückzahlen an Unternehmen oder Insti-
  tutionen.
- Das Potenzial für eine thematische Buchreihe, um den Verkauf von Folgebän-
  den zu fördern.

▶ **No-Gos für Verleger [8]**

- Komplette Manuskripte von Büchern
- Leere Phrasen
- Arroganz, Selbstzufriedenheit
- Unhöfliches Drängeln oder Forderungen
- Die Annahme, dass der Verlag die gesamte Vermarktung für Sie erledigt

## Inhalt eines Exposés

In ein Exposé gehören einige wichtige Dinge, die in Ihnen aufgelistet habe. Versuchen
Sie möglichst viele Punkte davon zu beantworten. Je mehr, desto besser. Einige Verlage
haben ein Onlineformular, das sie ausfüllen müssen, um Ihre Buchidee zu übermitteln.

1. Ihre Kontaktdaten
2. Buchtyp und das Themenfeld
3. Titel und Untertitel
4. Eine Zusammenfassung des Buches – ein Abstract
5. Eine vorläufige Gliederung des Buches

6. Der USP Ihres Buches
7. Die Zielgruppe Ihres Buches
8. Die Info, in welcher Phase der Entwicklung oder des Schreibens Sie sich befinden
9. Die Keywords
10. Ein Beispielkapitel
11. Ihren Lebenslauf
12. Warum Sie die beste Person sind, um dieses Buch zu schreiben

---

**Beispiel Springer Nature**

Unter folgendem Link finden sie die Autorenseite des Springer Verlags. Hier finden sie den Link zum Online-Formular um eine Idee für ein Buch einzureichen.
https://www.springer.com/de/deutsche-publikationen/buchautoren◄

▶ **Tipps zur Formulierung [8]**

- Lesen Sie Ihre Sätze aus dem Exposé laut vor. Gibt es welche, die bislang nicht flüssig klingen?
- Vermeiden Sie Wiederholungen. Jede Information sollte nur einmal genannt werden.
- Stellen Sie sich vor, Sie haben keine Kenntnisse über Ihr Buch oder das Thema. Würde das Exposé für Sie verständlich sein? Würde es Ihnen einen klaren Eindruck vom Buch vermitteln?
- Spricht Sie Ihr Exposé sowohl sachlich als auch emotional an?
- Haben Sie Zahlen, Metaphern oder Beispiele eingefügt?
- Ist Ihr persönlicher Schreibstil gut erkennbar?
- Schreiben Sie selbstbewusst.

## Der Titel

Die Wahl des Buchtitels ist von großer Bedeutung, sowohl für den Verkauf als auch um das Interesse der Verleger zu wecken. Es ist ratsam, sich Zeit zu nehmen und alle Ideen auf einem großen Board zu sammeln. Diskutieren Sie den Titel regelmäßig mit kreativen Freunden. Seien Sie mutig und denken Sie außergewöhnlich. Finden Sie heraus, was Ihnen hilft, Ihren Geist zu entspannen, sei es Musik, Yoga oder Kochen. Durchsuchen Sie Buchläden und Bestsellerlisten im Internet in Ihrem Genre, um ein Gespür für gute Titel zu bekommen. Stellen Sie sich immer vor, wie jemand, der Ihr Buch bisher nicht kennt, dazu gebracht werden soll, neugierig hineinzuschauen. Überlegen Sie, welche Sprache Ihre Zielgruppe spricht und wie sie denkt. Achten Sie darauf, dass der Titel ansprechend ist, ohne an Seriosität zu verlieren. Besonders bei Ratgebern und Sachbüchern ist es wichtig, klar zu kommunizieren, was das Buch bietet. Fühlen Sie sich nicht unter Druck gesetzt, sofort eine Entscheidung zu treffen. Wenn der Verlag Interesse zeigt, stehen Ihnen erfahrene Mitarbeiter gerne zur Seite [8].

### 3.7.3  Thema finden, Material sammeln und starten

Bei der Auswahl Ihres Buchthemas sollten Sie darauf achten, zeitlose oder zukunftsorientierte Themen zu wählen, die nicht so schnell veralten. Es ist entscheidend, den Lesern einen Mehrwert zu bieten – neben den Blogartikeln, die Sie kostenlos im Internet lesen können. Exklusive Extras für Ihr Buch könnten beispielsweise zusätzliche Checklisten, Übersichten über nützliche Tools, Interviews mit Experten, Fallstudien oder ergänzende Artikel von Ihnen sein. Überlegen Sie, was die Leser dazu motivieren könnte, Geld für Ihr Buch auszugeben [7].

Welche externen Informationsquellen beabsichtigen Sie für die Erstellung Ihres Buches zu nutzen? Bitte berücksichtigen Sie, sämtliche externe Quellen von Anfang an sorgfältig zu dokumentieren. Verfügen Sie bereits über eigenes Material wie Blogartikel, Zeitungsartikel oder anderweitig verfasste Texte? Starten Sie mit dem Durchsehen und Ordnen dieses Materials.

Haben Sie schon erste Ideen und Konzepte für Ihr Buch entwickelt? Es kann hilfreich sein, diese Gedanken bereits zu strukturieren und in einem ersten Entwurf festzuhalten. Dieser Entwurf kann als Leitfaden dienen, um gezielt nach relevanten Informationen aus externen Quellen zu suchen. Durch die klare Strukturierung Ihrer Gedanken können Sie effizienter arbeiten und sicherstellen, dass Ihr Buch einen roten Faden hat.

Indem Sie sich auf verschiedene Methoden zur Recherche externer Informationsquellen stützen, eröffnen Sie sich die Möglichkeit, Ihr Buch mit vielfältigen und fundierten Inhalten zu füllen. Neben der klassischen Recherche in Bibliotheken und Online-Datenbanken können auch Interviews mit Experten oder Umfragen unter potenziellen Lesern wertvolle Einblicke liefern. Der Austausch mit anderen Autoren oder der Besuch von Fachkonferenzen kann Ihnen neue Perspektiven eröffnen und inspirieren. Durch die kritische Auswertung und Kombination verschiedener Quellen gewährleisten Sie nicht nur die Authentizität Ihres Werkes, sondern auch seine Relevanz für die Leserschaft. Vergessen Sie dabei nicht, alle verwendeten Quellen korrekt zu zitieren, um Plagiate zu vermeiden und Transparenz zu wahren. Mit einem gut strukturierten Entwurf als Leitfaden sind Sie auf dem besten Weg, ein Buch zu schreiben, das Leser begeistern und inspirieren wird.

### 3.7.4  Was es bei der Gliederung zu beachten gibt

Eine klare und strukturierte Gliederung ist das Gerüst eines jeden erfolgreichen Buches. Sie dient nicht nur dazu, den roten Faden zu behalten, sondern auch dem Leser eine geordnete Darstellung des Inhalts zu bieten. Im Folgenden werden die Schritte zur Erstellung einer Gliederung erläutert, einschließlich wichtiger Überlegungen und möglicher Fallstricke [8].

1. Schritt: Definition des Themas Bevor Sie mit der Gliederung beginnen, definieren Sie das zentrale Thema Ihres Buches. Klären Sie, welche Hauptbotschaft Sie vermitteln möchten und welche Unterthemen relevant sind.
2. Schritt: Strukturierung der Inhalte Überlegen Sie, wie Sie die Inhalte Ihres Buches am sinnvollsten strukturieren können. Welche Kapitel und Unterkapitel sind notwendig, um Ihre Botschaft klar und verständlich zu vermitteln?
3. Schritt: Formulierung von Kapitelüberschriften Erstellen Sie prägnante und aussagekräftige Kapitelüberschriften, die den Inhalt jedes Abschnitts treffend zusammenfassen. Denken Sie daran, dass die Überschriften den Leser neugierig machen sollen.
4. Schritt: Logische Reihenfolge Achten Sie darauf, dass die Kapitel in einer logischen Reihenfolge angeordnet sind. Überlegen Sie, welches Thema zuerst behandelt werden sollte und wie die Informationen am besten aufeinander aufbauen.
5. Schritt: Einbindung von Querverweisen Berücksichtigen Sie mögliche Querverweise zwischen den Kapiteln, um thematische Zusammenhänge zu verdeutlichen und dem Leser ein ganzheitliches Verständnis zu bieten.

**Fallstricke und wichtige Überlegungen:**

- Vermeiden Sie eine zu detaillierte Gliederung, die den Lesefluss beeinträchtigen könnte.
- Berücksichtigen Sie das Feedback von Testlesern, um sicherzustellen, dass die Gliederung für den Leser verständlich ist.
- Behalten Sie die Konsistenz in der Gliederung bei, um Verwirrung zu vermeiden.

Mit einer sorgfältig durchdachten Gliederung legen Sie den Grundstein für ein gut strukturiertes und ansprechendes Buch. Achten Sie auf eine klare und logische Reihenfolge der Kapitel und lassen Sie sich bei Bedarf von professionellen Lektoren unterstützen, um eine optimale Gliederung zu schreiben.

Um erste Entwürfe einer Gliederung und meine Materialsammlung zu erstellen, nutze ich das Tool Padlet. Hier können Sie Ideen festhalten, hin- und herschieben und Ihren Gedanken freien Lauf lassen. Mir hilft das Tool ungemein meine Gedanken zu ordnen und alles in eine sinnvolle Reihenfolge zu bringen (Abb. 3.9).

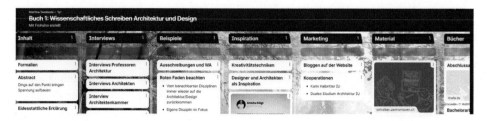

**Abb. 3.9** Beispiel Materialsammlung und Gliederungsentwurf

### 3.7.5 Von den zentralen Thesen zu den einzelnen Kapitel

Sobald Sie die Hauptthesen oder Schlüsselpunkte logisch geordnet haben, erstellen Sie eine Liste in Ihrem Schreibdokument.

Für jede dieser Hauptthesen oder Schlüsselpunkte wählen Sie einen vorläufigen Titel für das entsprechende Kapitel. Dieser Titel muss noch nicht endgültig sein, sollte jedoch sofort erkennbar machen, um welche These es sich handelt.

Gehen Sie nun jedes Kapitel durch und überlegen Sie, ob es prägnant sein sollte. Fügen Sie 2–3 erklärende Sätze unter jedes Kapitel ein: Was soll in diesem Kapitel behandelt werden? Was möchten Sie erklären?

Soll das Kapitel ausführlicher sein? Dann überlegen Sie sich zunächst 2–3 Unterüberschriften. Verfassen Sie unter jede dieser Unterüberschriften ebenfalls jeweils 2–3 erklärende Sätze.

Stellen Sie sich jedes Kapitel wie eine Schublade vor, in die Sie nun das bereits vorhandene Material einordnen können. Während Ihrer Schreibphasen nehmen Sie sich die einzelnen Kapitel vor und fügen schrittweise die folgenden Elemente hinzu:

- Eine prägnante Einleitung, die den Leser erwartungsvoll und neugierig auf das Kommende macht.
- Die Kernbotschaft des Kapitels, die vermitteln soll, was der Leser fühlen, verstehen und möglicherweise auch tun soll.
- Gibt es eine zentrale Geschichte für dieses Kapitel, die Ihre Kernbotschaft veranschaulichen kann? Gibt es Fakten, die die Kernbotschaft dieses Kapitels untermauern können?
- Beginnen Sie mit dem intuitiven Schreiben, indem Sie alles, was Ihnen zu diesem Kapitel einfällt, frei niederschreiben. Die Strukturierung erfolgt später. Setzen Sie sich vor die einzelnen Abschnitte und lassen Sie Ihre Gedanken fließen. Das Streichen heben Sie sich für später auf.

▶ **Drei Schreibtipps [8]**

1. Während des Schreibens eines Kapitels können Ihnen Ideen für andere Teile des Buches kommen. Springen Sie kurz in den entsprechenden Abschnitt und notieren Sie Ihre Idee. Danach kehren Sie zurück zum Schreibfluss.
2. Wenn Sie feststellen, dass Sie von einem bestimmten Kapitel besonders inspiriert sind, ist es sinnvoll, dort weiterzuschreiben, wenn Sie mit Ihrer täglichen Schreibzeit beginnen. Andernfalls empfehle ich Ihnen, sich an Ihrem roten Faden entlangzuhangeln.
3. Nach einer Pause beim Schreiben ist es ratsam, das letzte Kapitel noch einmal zu lesen, um wieder in den Fluss zu kommen.

## 3.7.6 Einen realistischen Zeitplan erstellen und zu Schreiben beginnen

„Der Anfang ist die Hälfte des Ganzen." – Aristoteles

Die Erstellung eines klaren und realistischen Zeitplans ist entscheidend für den Erfolg eines Buchprojekts. Dabei ist es wichtig, sowohl die Planung als auch die Durchführung des Projekts im Blick zu behalten. Im Folgenden werden praktische Schritte zur Erstellung eines Zeitplans für ein Buchprojekt erläutert, einschließlich wichtiger Punkte und möglicher Fallstricke.

1. **Schritt: Definition der Ziele**
   Beginnen Sie mit der klaren Definition der Ziele für Ihr Buchprojekt. Legen Sie fest, welches Genre Sie bedienen möchten, welche Zielgruppe Sie ansprechen und welchen Umfang das Buch haben soll.
2. **Schritt: Zeitrahmen festlegen**
   Schätzen Sie realistisch ein, wie viel Zeit Sie für das Verfassen des Buches benötigen. Berücksichtigen Sie dabei auch Zeit für Recherche, Korrekturlesen, Überarbeitung und Zeiten, in denen sie nicht zur Verfügung stehen, um an ihrem Buchprojekt zu arbeiten.
3. **Schritt: Erstellung eines groben Zeitplans**
   Teilen Sie den Schreibprozess in einzelne Etappen auf, wie beispielsweise Recherche, Kapitelentwurf, Schreibphase und Überarbeitung. Legen Sie für jede Etappe einen Zeitrahmen fest.
4. **Schritt: Einteilung der Arbeitsschritte**
   Definieren Sie konkrete Meilensteine für jede Etappe des Projekts. Setzen Sie sich klare Zwischenziele, um den Fortschritt zu überprüfen und gegebenenfalls Anpassungen vornehmen zu können. Kapitel oder Unterkapitel eignen sich sehr gut als Meilensteine.
5. **Schritt: Flexibilität einplanen**
   Berücksichtigen Sie mögliche Verzögerungen oder unvorhergesehene Herausforderungen und planen Sie Pufferzeiten ein, um Zeitpläne flexibel anzupassen, ohne den

Gesamtzeitrahmen zu gefährden. Falls sie einen Vertrag mit einem Verlag haben, achten sie auf das Abgabedatum. Sollten sie dieses nicht halten können, geben sie dem Verlag rechtzeitig Bescheid.

„Es gibt mehr Leute, die aufgeben, als solche, die scheitern." – Henry Ford

**Fallstricke und wichtige Überlegungen**

- Überschätzen Sie nicht Ihre eigene Produktivität und planen Sie realistische Zeitfenster für die einzelnen Arbeitsschritte ein.
- Vernachlässigen Sie nicht die Bedeutung von Pausen und Erholungsphasen, um Motivation und Kreativität aufrechtzuerhalten.
- Behalten Sie den Zeitplan im Blick und passen Sie ihn bei Bedarf an, um das Projekt erfolgreich abzuschließen.
- Warten sie nicht darauf, bis die Muse sie küsst, um mit dem Schreiben zu beginnen. Das Schreiben eines Buches hat meist wenig mit der romantischen Vorstellung des Buchschreibens zu tun. Es ist Arbeit.
- Legen Sie sich somit feste Schreibzeiten zu. Schreiben Sie in dieser Zeit. Suchen Sie keine Ausreden. Sie werden mit der Zeit hineinfinden in ihren Schreibfluss.
- Es ist normal, dass man nicht an jedem Tag gleich gut und schnell schreiben kann. Lassen sie sich davon nicht frustrieren.
- Für mich klappt es mit dem Schreiben am besten, wenn ich mir ganze Tage oder Wochen am Stück Zeit für mein Buchprojekt nehme. Hier ist jeder unterschiedlich. Manche Autoren schreiben gerne früh morgens, manche in der Nacht eine Stunde.
- Es gibt viele Konzepte, um ans Ziel zu kommen. Finden Sie für sich heraus, was bei Ihnen am besten funktioniert. Sollten Sie mit Ihrer Strategie nicht weiterkommen, dann ändern Sie sie und probieren sie etwas Neues aus.

Durch eine sorgfältige Planung und Strukturierung können Sie den Schreibprozess effizient gestalten und Ihr Buchprojekt erfolgreich umsetzen. Ein gut durchdachter Zeitplan gibt Ihnen Orientierung und ermöglicht es Ihnen, Ihr Schreibziel zeitnah zu erreichen.

Sie haben die Möglichkeit, einen Zeitplan in einer Excel-Tabelle, auf Ihrem Smartphone oder mithilfe eines Gantt-Diagramms oder einer ähnlichen Methode zu erstellen. Wichtig ist, dass der Zeitplan gut sichtbar ist und nicht einfach in der Schublade verschwindet.

### 3.7.7  Strategien, um erfolgreich ein Buch zu schreiben

„Das Geheimnis des außerordentlichen Menschen ist in den meisten Fällen nichts als Konsequenz." – Buddha

Sind Sie schon wieder seit drei Tagen in den Weiten des Internets auf der Suche nach Schlüsselwörtern unterwegs, ohne auch nur eine Seite geschrieben zu haben? Und der Abgabetermin für Ihr Buch rückt immer näher? Beanspruchen Job und Familienleben mehr Zeit als erwartet? [7].

Der Trick besteht darin, große Schreibprojekte in kleinere, überschaubare Aufgaben zu unterteilen. Planen Sie Ihre Schreibprojekte: Was möchten Sie wann und bis wann schreiben? Wie viele Kapitel soll Ihr Buch haben, wie lang sollen die einzelnen Texte sein, welche Bilder, Grafiken oder Checklisten benötigen Sie? Wann ist der Abgabetermin, wann soll das Buch online verfügbar sein? Sollten Sie Zwischenstände mit anderen besprechen oder Korrekturschleifen einplanen? Denken Sie an Pufferzeiten und Ihren Urlaub. Überlegen Sie, in welcher Form Sie Texte, Grafiken und Bilder liefern müssen [7].

Alles wird einfacher, wenn Sie jeden Tag etwas für Ihr Schreibprojekt tun, selbst wenn es nur 15 min sind: Schreiben Sie täglich zwei Seiten, 4000 Zeichen oder widmen Sie sich 15 min dem Schreiben und 10 min dem Planen, Überarbeiten und Organisieren. Wenn Sie Ihr tägliches Pensum erledigt haben, markieren Sie diesen Erfolg im Kalender, verbinden Sie die Punkte und lassen Sie die Kette nicht abreißen. So werden große Aufgaben aufgeteilt und das Schreibprojekt wächst fast von selbst [7].

Eine offene Herangehensweise an Textentwürfe bietet das „Livewriting" oder Live-Schreiben. Veröffentlichen Sie Ihr Buch Kapitel für Kapitel beispielsweise auf Ihrem Blog. So sind Leser bereits während des Entstehungsprozesses involviert und der Autor kann direkt auf Fragen eingehen. Nach dem Live-Schreiben kann das Buch dann veröffentlicht werden. Dieser Prozess eignet sich besonders für extrovertierte Autoren, die Freude an der Interaktion mit ihrer Community haben und dadurch motiviert bleiben [7].

Denken Sie daran, Ihre Daten regelmäßig zu sichern, um unangenehme Überraschungen zu vermeiden. Idealerweise erstellen Sie täglich, wöchentlich oder monatlich Sicherungskopien Ihrer Texte auf einem externen Laufwerk. Je nach Vertraulichkeit können die Daten auch in der Cloud gesichert oder an Freunde gesendet werden [7].

Um ablenkungsfrei schreiben zu können, sollten Sie sich von störenden Einflüssen fernhalten. Schalten Sie insbesondere Ihr Telefon aus oder leise und suchen Sie sich gelegentlich einen analogen Schreibort ohne WLAN. Überlegen Sie, was Sie benötigen, um produktiv zu schreiben: Ruhe? Eine Schreibreise könnte helfen. Ordnung? Räumen Sie Ihr Büro auf! [7].

### 3.7.8 Wie sie ihr Buch vermarkten

Der optimale Zeitpunkt für die Planung Ihres Marketings ist direkt nach Abgabe Ihrer ersten Textversion an den Verlag. Nun gilt es, Ihr Buch nicht nur online, sondern auch offline durch diverse Maßnahmen in den Medien zu platzieren, um Vorbestellungen und Buchverkäufe zu generieren. Die Erstellung eines Marketingplans erfordert sorgfältige

Überlegungen: Definieren Sie, welche Themen aus dem Buch wann, wie und über welche Kanäle präsentiert werden sollen. Ermitteln Sie die verfügbaren Ressourcen, Partnerschaften, Allianzen und das Budget. Die klare Aufgabenverteilung zwischen Ihnen und dem Verlag ist ebenfalls entscheidend. Lassen Sie sich von anderen Autoren oder Verlagen inspirieren, um neue Ideen für Ihr Buchmarketing zu gewinnen. Nutzen Sie auch das Feedback aus Ihrem Netzwerk. Vor der Veröffentlichung ist es wichtig, online eine Community in den sozialen Medien aufzubauen sowie einen Newsletter-Verteiler zu erstellen. Warten Sie nicht bis zur Veröffentlichung, um damit anzufangen – dann ist es zu spät. Die Maßnahmen können je nach Genre, Budget, verfügbarer Unterstützung und Zeitaufwand variieren [7].

## Offline Buchmarketing

1. Erstellen Sie eine Liste mit Ihren Masterplänen, in der Sie festlegen, an wen Sie Freiexemplare für Rezensionen, Blogbeiträge, Verlosungen oder als Belegexemplare senden möchten. Das können Freunde, Mentoren, Journalisten, Multiplikatoren, Netzwerker, Co-Autoren, Interviewpartner oder Projektkollegen sein. Denken Sie daran: Verschenken Sie nichts, was Sie nicht auch verkaufen können! Schließen Sie Deals mit anderen Autoren ab, z. B. „Bespreche mein Buch, dann bespreche ich deines". Um rechtzeitig vor der Buchveröffentlichung mediale Aufmerksamkeit zu erzeugen, versenden Sie drei Monate vor dem offiziellen Erscheinungsdatum Vorabdrucke des Buches an die Medien. Dadurch haben Journalisten ausreichend Zeit, um Ihr Buch zu lesen, Buchbesprechungen zu verfassen und Aktionen rund um das Veröffentlichungsdatum zu planen [7].
2. Planen Sie Aktionen, um den Buchhandel zu begeistern. Besondere Lesungen? Werbematerial? Aufsteller? Werbeaktionen? Eine gute Idee ist eine Lesung, bei der den Besuchern ein kostenloses 30-minütiges Coaching angeboten wird. Bereiten Sie für die Teilnehmer ein zweiseitiges Handout mit Ihren besten Tipps und den drei Schritten zum Erfolg vor – zusammen mit drei Buchempfehlungen, wovon natürlich eines von Ihnen stammt! Dieses Format wird von Kunden gerne angenommen [7].
3. Erstellen Sie einen Presseverteiler und wählen Sie aus, welche Redaktionen Sie in Ihrer Pressearbeit ansprechen möchten. Legen Sie fest: Welche Pressemitteilungen senden Sie wann an welche Redaktion? Welche Interviews führen Sie zu welchen Anlässen und Gelegenheiten? Planen Sie Redaktionsbesuche oder eine Redaktionstour. Einige Beispiele dazu finden Sie im Kapitel „Pressearbeit" dieses Buches. Überlegen Sie, an welche aktuellen Trends oder saisonalen Ereignisse Sie sich mit Ihrem Thema anschließen können. Wer wertet die Berichterstattung aus und kümmert sich um die Medienbeobachtung? [7].
4. Planen Sie Lesungen: Wo können Sie Ihr Buch präsentieren? Bei Karrieremessen, Veranstaltungen mit anderen Autoren oder Partnern? In privatem Rahmen? In Vorträgen? Finden Sie Kooperationspartner, die Ihnen bei Lesungen unterstützen möchten:

Wer hat Interesse daran, dass Sie Ihr Publikum in seinen Laden führen? Vielleicht ein Antiquitätenladen, ein Hotel mit besonderem Ambiente oder eine Firma mit einer besonderen Location? Bieten Sie ein einmaliges Paket an: Eintritt, Essen, Getränke und Ihr Buch zum Spezialpreis? Planen Sie Messeauftritte mit Ihrem Verlag auf der Frankfurter oder Leipziger Buchmesse. Denken Sie an geeignetes Werbematerial wie Roll-up-Banner, Flyer und mehr. Visitenkarten mit dem Buchcover auf der einen Seite und Ihren Kontaktdaten auf der anderen Seite [7].

**Online Buchmarketing**
Wie Sie Ihr Buch zeitgemäß online vermarkten, erfahren Sie im folgenden Abschnitt.

1. Planen Sie Ihre Social-Media-Strategie sorgfältig: Teilen Sie die Entstehungsgeschichte Ihres Buches auf Ihrem Blog, in sozialen Medien, Business-Plattformen und Netzwerken. Dokumentieren Sie den Launch, begleiten Sie die Entwicklung mit Fotos, Texten, Videos und Podcasts. Zeigen Sie die verschiedenen Etappen: vom Beginn des Buches über die Überarbeitung bis hin zum Druck. Behalten Sie den Inhalt geheim und überraschen Sie Ihre Follower mit einem „Unboxing"-Video, wenn Sie Ihr erstes Buchexemplar erhalten [7].
2. Nutzen Sie Facebook und Facebook Ads: Präsentieren Sie Ihr Buch auf Ihrer Facebook-Fanpage und schalten Sie Anzeigen, um die Sichtbarkeit zu erhöhen. Erzählen Sie Ihre Buchgeschichte in 140 Zeichen auf Twitter und überlegen Sie sich einen einprägsamen Hashtag. Teilen Sie Fotos und Infografiken Ihres Buches auf Pinterest und Instagram, entwickeln Sie eine eigene Bildsprache [7].
3. Veröffentlichen Sie Videos, Eventberichte und Interviews auf YouTube, erstellen Sie einen Trailer für Ihr Buch. Gestalten Sie Ihren Blog und Ihre Webseite ansprechend für Ihr Buch: Schreiben Sie regelmäßig darüber, laden Sie zu Interviews ein, teilen Sie Rezensionen und Presseartikel. Nutzen Sie E-Mail-Marketing: Bieten Sie ein Probekapitel Ihres Buches zum Download an und informieren Sie regelmäßig über Events und Aktionen. Optimieren Sie die Sichtbarkeit Ihres Buches in Suchmaschinen durch Zusammenarbeit mit Ihrem Verlag und gezielte SEO-Aktivitäten [7].
4. Nutzen sie Marketingtools wie zum Beispiel SocialPilot, Loomly, Buffer, Hootsuite oder ähnliche, um ihre Posts zu automatisieren. Auf LinkedIn und Facebook können sie bereits direkt Posts planen, ohne ein externes Tool abonnieren zu müssen.

**Buchmarketing über ihr Netzwerk**
Nutzen Sie Xing und LinkedIn, um auf Lesungen und Events rund um Ihr Buch hinzuweisen, relevante Gruppen über Ihr Buch zu informieren und Ihre Blogartikel zu teilen. Machen Sie „Social Reading" für Ihre Buchpromotion nutzbar. Dabei lesen Menschen online gemeinsam Bücher, kommentieren, empfehlen und diskutieren darüber. Auf Plattformen wie Goodreads können Autoren Events ankündigen, Lesungen veranstalten,

Bücher verschenken, Frage-Antwort-Gruppen erstellen, Videos posten, Blogartikel einbinden oder Werbung schalten. Lovelybooks ist eine deutsche Community, in der Autoren Leserunden anbieten können, um Rezensionen zu erhalten. Achten Sie auf Buchrezensionen bei Amazon als wichtiges Kaufkriterium für Ihr Buch. Bitten Sie nach und nach Freunde, Familie und Netzwerkpartner um positive Bewertungen. Idealerweise stammen die Rezensionen von verifizierten Käufern bei Amazon und sprechen die Zielgruppe an [7].

Nutzen Sie Blogger Relations für Ihr Buch, indem Sie passende Blogs für Rezensionen identifizieren und den Bloggern Rezensionsexemplare, Interviews oder Veranstaltungseinladungen anbieten. Organisieren Sie eine virtuelle Buchtour, indem Sie relevante Blogger einladen, täglich Gastbeiträge auf verschiedenen Blogs veröffentlichen und die Beiträge thematisch miteinander verknüpfen. Reagieren Sie zeitnah auf Kommentare zu den Gastbeiträgen [7].

### 3.7.9 Ein Buch mit KI-Unterstützung schreiben

In den letzten Jahren hat die Anwendung von Künstlicher Intelligenz (KI) im Bereich des Schreibens und der Texterstellung zunehmend an Bedeutung gewonnen. Die Möglichkeit, ein Buch mithilfe von KI zu verfassen, eröffnet neue Wege und Potenziale, birgt jedoch auch Herausforderungen und Fallstricke. In diesem Unterkapitel werden potenzielle Methoden, Werkzeuge und Überlegungen beim Einsatz von KI zur Bucherstellung diskutiert.

1. **Generierung von Texten:**
   KI-Tools wie GPT-4 können verwendet werden, um automatisch Texte zu generieren. Diese Tools basieren auf neuronalen Netzwerken und können aufgrund ihres umfangreichen Trainingsdatensatzes vielfältige Texte erstellen. Zudem können sie sich Gliederungen erstellen lassen. Das mag auf den ersten Blick toll klingen, jedoch ist die KI heutzutage noch nicht so weit, dass sie mit ein paar Knopfdrücken ein hochwertiges Buch erstellen könne.

2. **Strukturierung von Inhalten:**
   KI kann auch dabei helfen, die Inhalte eines Buches zu strukturieren und zu organisieren. Durch die Verwendung von Algorithmen können Themen hierarchisch geordnet und in Kapitel unterteilt werden.

3. **Textgeneratoren:**
   Tools wie „Scribbr's APA Citation Generator" oder „Grammarly" können Autoren beim Verfassen von Texten unterstützen, indem sie Hinweise zur Grammatik, Rechtschreibung und Stil geben.

4. **Korrektur- und Lektoratssoftware:**

KI-basierte Software, wie beispielsweise „ProWritingAid", kann dabei helfen, Texte auf stilistische und grammatische Fehler zu überprüfen und Verbesserungsvorschläge zu liefern.

**Fallstricke und potenzielle Herausforderungen beim Einsatz von KI:**

- **Authentizität und Kreativität:** KI-Generatoren können Texte zwar effizient erstellen, jedoch besteht die Gefahr, dass der Charme und die Authentizität, die ein menschlicher Autor bieten kann, verloren gehen.
- **Qualitätskontrolle:** Es ist wichtig, die generierten Texte kritisch zu überprüfen, da KI-Systeme manchmal ungenaue, missverständliche oder gar falsche Ergebnisse liefern können. Eine sorgfältige Qualitätskontrolle ist daher unerlässlich.

Die Integration von KI in den Schreibprozess eines Buches bietet Vorteile in Bezug auf Effizienz und Automatisierung. Dennoch ist es wichtig, die Potenziale und Grenzen von KI zu verstehen und sie gezielt und kritisch einzusetzen, um ein hochwertiges und authentisches Buch zu erstellen.

## 3.8   Wie sie zitieren und das Literaturverzeichnis erstellen

Siehe Abb. 3.10.

**Abb. 3.10**  Zitieren, Wissenschaft, Literaturverzeichnis – Interpretation von Musavir.ai

### 3.8.1   Richtig Zitieren

Das Zitieren ermöglicht es uns, auf bereits vorhandenes Wissen aufzubauen und unsere eigene Forschung effizient fortzusetzen. Indem wir die Arbeit anderer Wissenschaftler und Forscher anerkennen und zitieren, zeigen wir Respekt vor ihrem Beitrag. Zitate dienen der Reproduktion von Erkenntnissen oder Fakten anderer Personen oder Institutionen und sind entscheidend für die Nachvollziehbarkeit und Überprüfbarkeit wissenschaftlicher Arbeiten. Daher ist das korrekte Zitieren unerlässlich, um klar zwischen eigenen Gedanken und übernommenem Wissen zu unterscheiden [9]. Nutzen sie dafür einen einheitlichen Zitierstil. Beliebt Zitierstile sind APA und er Chicago-Stil. Es gibt zwei Möglichkeiten, Quellen in einer wissenschaftlichen Arbeit zu zitieren, als direktes Zitat oder als indirektes Zitat.

**Direkte Zitate**

Bei einem direkten Zitat wird der genaue Wortlaut aus der Monografie übernommen, in Anführungszeichen gesetzt und die Quelle im entsprechenden Zitierstil angegeben. „Die Bauhausarchitektur ist einer der bekanntesten Baustile weltweit." Ein direktes Zitat sollte nur verwendet werden, wenn der Sinn nicht besser oder anders wiedergegeben werden kann. Es ist unangemessen, sinnlose, direkte Zitate in wissenschaftlichen Arbeiten zu verwenden. Daher sollte die Verwendung von direkten Zitaten in wissenschaftlichen Arbeiten auf ein Minimum beschränkt werden. Weniger ist hier mehr. Direkte Zitate sollten nicht isoliert stehen gelassen werden, sondern vielmehr in die eigene Argumentation und Gedankenwelt integriert werden. In der Regel wird das direkte Zitat durch eine Bewertung oder Erläuterung ergänzt, um seine Bedeutung im Kontext zu verdeutlichen. Durch diese Integration in die eigene Argumentation wird das Zitat zu einem wertvollen Instrument, um die eigene Position zu stärken [10].

**Indirekte Zitate**

In wissenschaftlichen Arbeiten begegnen uns am häufigsten indirekte Zitate. Dabei ist es entscheidend, den Abschnitt mit dem indirekten Zitat deutlich mit der Quelle zu kennzeichnen. Bei indirekten Zitaten wird der Textinhalt durch eine Paraphrase wiedergegeben, also durch die Verwendung eigener Formulierungen. Es ist wichtig, zwischen der reinen Wiedergabe von Inhalten, Fakten und Informationen und ihrer Bewertung zu unterscheiden. Es empfiehlt sich generell, nicht zu viele Textpassagen direkt zu zitieren, sondern eine Mischung aus direkten und indirekten Zitaten zu verwenden, um die wesentlichen Aspekte aus den Quellen zusammenzufassen. Wenn klar erkennbar ist, wo ein Absatz beginnt oder endet, kann die Quelle am Ende angegeben werden. Falls dies nicht eindeutig ist und mehrere Quellen in einem Absatz verwendet werden, müssen die Teile der Quelle A und der Quelle B voneinander abgegrenzt werden. Dies erfolgt beispielsweise durch die Formulierung: „Nach Maier ... hatte es keinen Einfluss auf das Design (2022, S. 4). Eine gegensätzliche Ansicht vertritt Bauer ... er belegte dies mit seiner Forschung

(2022, S. 5)." Auf diese Weise werden die Zitate eingerahmt und es wird deutlich, welcher Teil welcher Quelle zuzuordnen ist [10].

Indirekte Zitate werden in wissenschaftlichen Arbeiten sowie in weiteren Textarten am häufigsten verwendet. Somit sollte das indirekte Zitat auch für sie die bevorzugte Wahl sein.

▶ **Achtung**
Ich kann nur davon abraten der KI das Zitieren zu überlassen. Eine KI phantasiert und erfindet Quellen, die gar nicht existieren. Auf den ersten Blick mag es gut aussehen und sinnvoll erscheinen was ihnen die KI anbietet. Wenn Sie jedoch nachschlagen, werden Sie mit großer Wahrscheinlichkeit die von der KI genannte Quelle nicht finden.

## 3.8.2 Literaturverwaltungsprogramme

Ein Programm zur Verwaltung von Literatur wie beispielsweise Citavi, Zotero oder Mendeley hilft Ihnen dabei, Ihre Literatur zu organisieren, im Auge zu behalten und zusammenzufassen. Sie können sowohl direkte als auch indirekte Zitate für Ihre wissenschaftliche Arbeit vorbereiten. Diese Programme erstellen auch Ihr Literaturverzeichnis, wenn Sie es in Word einfügen. Es gibt zahlreiche Vorteile solcher Programme. Die Nachteile sollen jedoch nicht unerwähnt bleiben.

Ein Literaturverwaltungsprogramm ist nicht in der Lage, die wissenschaftliche Bedeutung oder Relevanz einer Quelle zu beurteilen. Darüber hinaus garantiert die Verwendung solcher Software nicht, dass alle relevanten Informationen einer Quelle automatisch und fehlerfrei erfasst werden. Daher ist es ratsam, Zitate und Literaturlisten abschließend zu überprüfen [10].

## 3.8.3 Das Literaturverzeichnis

In jeder wissenschaftlichen Arbeit ist das Literaturverzeichnis ein unerlässlicher Bestandteil, der stets nach dem Textteil eingefügt wird. Es enthält eine umfassende Auflistung sämtlicher wissenschaftlicher Veröffentlichungen und Materialien, die in irgendeiner Weise in der Arbeit erwähnt oder berücksichtigt wurden. Das Literaturverzeichnis gewährleistet die Transparenz der zitierten Quellen und ermöglicht es den Lesern, diese zu finden und zu überprüfen. Dabei sollten folgende Prinzipien beachtet werden: Um sicherzustellen, dass Ihre Arbeit höchsten Standards genügt, ist es von großer Bedeutung, dass Sie bei der Erstellung Ihrer Literaturquellen auf Genauigkeit, Vollständigkeit, Einheitlichkeit und Übersichtlichkeit achten. Um die Richtigkeit Ihrer Angaben zu gewährleisten, müssen alle

Informationen korrekt und fehlerfrei sein. Zudem sollten alle relevanten Informationen vorhanden sein, um die Quellen leicht auffindbar zu machen. Einheitlichkeit ist ebenfalls wichtig, um sicherzustellen, dass Ihre Arbeit ein konsistentes Schema aufweist und gut lesbar ist. Bei der Erstellung Ihrer Literaturquellen ist es wichtig, darauf zu achten, dass sie in alphabetischer Reihenfolge nach den Autoren und chronologisch nach dem Erscheinungsjahr der Publikation aufgeführt sind. Es ist entscheidend, die Richtlinien des geltenden Zitationsstils einzuhalten, um sicherzustellen, dass Ihre Arbeit höchsten Standards entspricht [10].

## 3.9    Sprache und Stil

Alles, was das flüssige Lesen beeinträchtigt, wie beispielsweise eine hohe Anzahl von Fachbegriffen, nichtssagende Wörter, lange und sich wiederholende Sätze sowie eine übermäßige Ausführlichkeit eines Textes durch unwichtige Inhalte, offensichtliche Fakten, unnötige Wiederholungen und überflüssige Formulierungen, sollte vermieden werden. Jedoch bedeuten Kürze und Prägnanz nicht zwangsläufig, dass so wenig Text wie möglich verwendet werden sollte. Manchmal ist es für das Verständnis und die Richtigkeit eines Textes entscheidend, etwas ausführlicher zu formulieren. Eine gute Formulierung erfordert stets ein ausgewogenes Verhältnis zwischen Kürze und Verständlichkeit [11].

Auf der Ebene der Sprache ist die Verwendung von Fachbegriffen das zentrale Mittel, um Genauigkeit sicherzustellen. Ein wissenschaftlicher Text kann nicht ohne eine gewisse Anzahl an Fachtermini auskommen. Daher empfiehlt es sich, sich bei der Vorbereitung eines wissenschaftlichen Schreibprojekts intensiv mit dem Thema auseinanderzusetzen, um systematisch Fachwissen zu erlangen oder zu vertiefen. Es ist selbstverständlich, dass Sie die präzise Bedeutung von Fachbegriffen und Fremdwörtern kennen müssen, bevor Sie diese angemessen verwenden können. Vermeiden Sie es daher, Ihren Text unnötig mit Fremdwörtern zu füllen [11].

Ungenauigkeiten können vermehrt auftreten, wenn vage Ausdrücke wie „ungefähr", „mehr oder weniger", „sozusagen", „im Großen und Ganzen", „vielleicht", „unter bestimmten Umständen", „eventuell", „manchmal", „gelegentlich" oder „in gewissem Maße" verwendet werden. Solche Ausdrücke sollten in wissenschaftlichen Texten grundsätzlich vermieden werden, es sei denn, es liegen spezielle Gründe vor. Wenn etwa der Ausdruck „unter bestimmten Umständen" genutzt wird, müssen die genauen Umstände, unter denen die Aussage gilt, im Kontext klar dargelegt werden [11].

Jeder Leser hat sicherlich schon einmal mit ihnen zu tun gehabt: den Wucher- oder Kettensätzen. Diese bestehen aus einer Aneinanderreihung von Einschüben, Aufzählungen und Fremdwörtern, was sie schwer lesbar macht und dazu führt, dass der Text kompliziert und unverständlich wird. Solche Sätze sind mühsam zu entziffern, da sie ungeschickt formuliert sind, mit Fremdwörtern gespickt und viel zu lang. Man muss sie mehrmals lesen und sie regelrecht auseinandernehmen, um zu erfassen, was der Autor mitteilen möchte. Dieses Problem liegt darin, dass diese verschachtelten Sätze Zeit und Nerven kosten, da sie den Lesefluss stören und von der eigentlichen Botschaft ablenken. Der Fokus des Lesers sollte jedoch auf dem Inhalt liegen und nicht auf der Satzstruktur. Ein guter Schreibstil zeichnet sich nicht durch lange, verschachtelte Sätze aus! Komplexe Gedanken erfordern nicht zwangsläufig ebenso komplexe Sätze. Es ist nicht erforderlich, ein ganzes Gedankenkonstrukt in einem einzigen Satz zusammenzufassen. Andererseits wäre es genauso ungünstig wie die Wucherphrasen, wenn ein Text nur aus kurzen, einfachen Hauptsätzen bestünde. Abgesehen von stilistischen Bedenken könnten Zusammenhänge mit einem solchen Satzbau nur schwer präzise dargestellt werden. Wie so oft im Leben ist die Mischung entscheidend, und der Zweck rechtfertigt die syntaktischen Mittel. Ein Satzbau ist gelungen, wenn der Inhalt präzise, verständlich und kompakt vermittelt wird und die Satzstruktur vom Leser nicht als umständlich oder kompliziert wahrgenommen wird. Bevor Sie mit der konkreten Formulierungsarbeit beginnen, sollten Sie überlegen, in welcher Reihenfolge die Informationen präsentiert werden sollen [10].

Es kann hilfreich sein, Leitfragen als Ausgangspunkt zu nutzen:

1. Welche Informationen sind für den Beginn am wichtigsten?
2. In welcher logischen Abfolge bauen die anderen Aspekte auf diesen Informationen auf?

## Literatur

1. Durst C, Eckart S, Heinickel C, Honka A, Hübner S, Lumme N, Utzt D (2022) B2B digital marketing playbook. tredition
2. Swoboda M Innovational Leadership: Effizienz gewinnt. https://martinaswoboda.com/2021/06/26/digital-leadership-effizienz-gewinnt/. Zugegriffen: 22. Mai 2024
3. Die Klimaschutz Baustelle. Klimagedichte von ChatGPT 3. https://www.die-klimaschutz-baustelle.de/gedichte_chatgpt3_klimawandel.html. Zugegriffen: 26. Mai 2024
4. Skibniewski MJ (2021) How to become a successful author of a paper to be published in a world-class scholarly journal? Eur Sci Sci J 5: 15–17
5. Huemann M, Pesämaa O (2022) The first impression counts: the essentials of writing a convincing introduction. Int J Project Manage 49(7):827–830
6. Martinsuo M, Huemann M (2020) The basics of writing a paper for the International Journal of Project Management. Int J Project Manage 38(6):340–342
7. Heggmaier D (2017) Selbst PR – Der goldene Weg zu mehr Sichtbarkeit und Erfolg. Marie von Mallwitz
8. Lindau V. Schreibglück. Homodea
9. Müller-Seitz G, Braun T (2013) Erfolgreich Abschlussarbeiten verfassen im Studium der BWL und VWL. Pearson
10. Swoboda M (2023) Wissenschaftlich Schreiben leicht gemacht. Ein Leitfaden für Architektur- und Designstudiengänge. Springer Vieweg

11. Kühtz S (2018) Wissenschaftlich formulieren. Tipps und Textbausteine für Studium und Schule, 5. Aufl. utb
12. Bieker R (2016) Soziale Arbeit studieren: Leitfaden für wissenschaftliches Arbeiten und Studien organisation, 3. Aufl. Kohlhammer

# Ins Schreiben kommen

4

## 4.1 Welcher Schreibtyp sind Sie

Die Vorgehensweise von Schriftstellerinnen und Schriftstellern bei der Realisierung eines Schreibprojekts ist äußerst vielfältig, was bedeutet, dass sie unterschiedliche Schreibmethoden anwenden. Schreibtechniken beziehen sich auf erworbene Ablauf- und Organisationsstrukturen, die individuell geprägt sind und dazu dienen, spezifische Schreibanforderungen sowie mögliche Schreibprobleme in bestimmten Schreibkontexten zu bewältigen. Diese Strukturen tendieren dazu, sich zu verfestigen, insbesondere wenn sie erfolgreich sind oder wenn keine weiteren Alternativen erkennbar sind. Viele Schreibende sind sich ihrer eigenen Strategien nicht bewusst. Obwohl sie ihr Vorgehen beschreiben können, fehlt ihnen oft das Wissen über Alternativen. Dies liegt daran, dass das Denken selbst oft undurchsichtig ist. Schreiben ist ein kreativer Prozess, der nicht immer planbar und kontrollierbar ist. Schreibstrategien hängen von verschiedenen Faktoren ab, wie Denk- und Wahrnehmungspräferenzen der Schreibaufgabe und schulischen Prägungen. Wer in der Schule gelernt hat, dass eine genaue Strukturplanung wichtig ist, wird sich eher auf eine gute Gliederung verlassen (Kruse 2007).

Wer jedoch erkannt hat, dass das Verfassen von Texten ein kreativer Prozess ist, fühlt sich sicherer dabei, den eigenen Gedanken Raum zu geben und die Struktur erst im Nachhinein festzulegen. Beim Start des Schreibprozesses beginnen wir normalerweise mit der Einleitung, obwohl das nicht immer der Fall ist. Manchmal beginnen wir an einer beliebigen Stelle im Text und schreiben die Einleitung danach. Einige erfahrene Schriftstellerinnen und Schriftsteller praktizieren vor dem eigentlichen Schreiben eine andere Methode: Sie sammeln Ideen und erstellen einen Entwurf. Zuerst ordnen sie ihre Gedanken und beginnen dann mit dem Verfassen des Textes. Es ist für sie wichtig, einige Elemente des Textes im Voraus zu bedenken, bevor sie mit dem Formulieren beginnen. Andere Autoren starten hingegen mit dem für sie wichtigsten Aspekt und entwickeln ihre

M. Swoboda, *Einstieg ins Schreiben für Architekt:innen, Designer:innen und Ingenieur:innen*, https://doi.org/10.1007/978-3-658-46182-9_4

Gedanken von dort aus. Sie schreiben spontan, setzen an, wo sie etwas mitzuteilen haben, und bewegen sich dann von einem Gedanken zum nächsten. Nachdem sie sich ausführlich mit diesen Konzepten beschäftigt haben, entsteht eine Struktur für ihren Text, in die sie das bereits Geschriebene einfügen (Kruse 2007).

Sowohl die Strategie des Top-down-Ansatzes, der zunächst ein Konzept entwickelt und dann in Worte fasst, als auch die Bottom-up-Strategie, bei der ohne festen Plan begonnen wird und Ideen während des Schreibens entwickelt werden, um sie anschließend zu strukturieren, sind gültige Herangehensweisen im Schreibprozess. Die Präferenz für eine der beiden Strategien hängt von der individuellen Persönlichkeit ab und kann zudem von Projekt zu Projekt variieren. Beim Schreiben geht es immer darum, eine passende Methode zu finden, die einen Ausgleich zwischen sorgfältiger Vorbereitung und spontanem Entwurf ermöglicht. Wie die Schreibforschung zeigt, gibt es keinen allgemeingültigen, richtigen Ansatz, sondern verschiedene Schreibertypen, die sich entlang eines Spektrums zwischen planendem Vorgehen und explorativem Schreiben einordnen lassen (Kruse 2007).

Es gibt folgende Schreibtypen:

- Den Aquarellmaler
- Den Architekten
- Den Maurer
- Den Zeichner
- Den Ölmaler

Aquarellmaler zeichnen sich nicht nur durch präzise Planung aus, sondern auch durch ihre ausgeprägte Vorstellungskraft. Sie erstellen ihre Werke in einem einzigen Durchgang, überarbeiten sie nur minimal und halten sich meist an die vorgegebene Struktur. Der Name „Aquarellmaler" leitet sich davon ab, dass sie im Gegensatz zu Ölmalern keine Korrekturen vornehmen können, sodass jeder Pinselstrich auf dem Papier sofort seine endgültige Form annimmt (Kruse 2007).

Architekten sind auch Planer, jedoch liegt ihr Schwerpunkt mehr auf der schriftlichen Planung. Sie entwerfen eine präzise Struktur mit Überschriften, füllen sie mit Text und überarbeiten ihn dann gründlich. Manchmal beginnen sie mit dem ersten Kapitel oder wählen dasjenige aus, das am einfachsten zu schreiben ist (Kruse 2007).

Die Maurer konstruieren ihren Text Schritt für Schritt und führen dabei kontinuierliche Überarbeitungen durch. Sie verbessern jeden Satz sorgfältig, insbesondere hinsichtlich Grammatik und Stil, bevor sie fortfahren. Es fällt ihnen schwer, den gesamten Text im Auge zu behalten. Abschließend führen sie erneut eine Überarbeitung durch, jedoch eher zurückhaltend (Kruse 2007).

Die Zeichner erstellen eine erste Skizze und versehen sie mit Überschriften. Sie orientieren sich daran, passen sie aber bei Bedarf an. Sie wählen den jeweils einfachsten Abschnitt aus, um fortzufahren. Sowohl inhaltlich als auch sprachlich überarbeiten sie alles regelmäßig (Kruse 2007).

Die Ölmaler zählen zu den einfallsreichen Schreibenden, die sich von ihren Motiven gerne inspirieren lassen. In der Regel starten sie mit einer Skizze und notieren dabei ihre Gedanken, um sie später in ihre Kunstwerke einzufügen. Sie sind dafür bekannt, intensiv zu überarbeiten, um das optimale Resultat zu erzielen (Kruse 2007).

Es existiert keine richtige oder falsche Herangehensweise beim Schreiben. Die Methode sollte lediglich zu Ihrer Persönlichkeit passen. Falls Sie mit Ihrer aktuellen Methode nicht vorankommen, empfehle ich Ihnen, eine andere auszuprobieren. Wenn Sie beispielsweise als Planer an einem bestimmten Punkt feststecken, springen Sie zu einem Abschnitt, an dem es leichter fällt, weiterzuschreiben. Oft taucht die Lösung für den übersprungenen Bereich auf, wenn der Geist sich entspannt und ohne Druck arbeiten kann. Es ist völlig legitim und normal, zwischen verschiedenen Schreibstrategien zu wechseln. Auch ich handle so. Zögern Sie nicht, einen Wechsel vorzunehmen (Swoboda 2023).

## 4.2    Fokus Writing

Focus Writing ist eine unkomplizierte und wirkungsvolle Methode, um Texte zu verfassen. Es erfordert nicht lange zu überlegen, sondern einfach draufloszuschreiben. Das Ziel dabei ist, ohne vorherige Überlegungen direkt ins Schreiben zu gelangen. Viele von uns sind keine Naturtalente beim Schreiben von wissenschaftlichen Arbeiten oder anderen Textgattungen. Insbesondere in den Bereichen Architektur und Design denken wir in Bildern und Entwürfen, weniger in geschriebenen Worten. Daher kann es vorkommen, dass das Schreiben stockend verläuft oder Sie möglicherweise glauben, dass Sie nicht schreiben können. Dies ist jedoch keinesfalls der Fall. Schreiben ist erlernbar und mit etwas Übung fließen die Worte ebenso wie die Entwürfe aus Ihnen heraus. Beim Focus Writing tauchen Sie ohne den Druck der Perfektion einfach ins Schreiben ein und lassen die Worte ungezwungen fließen (Swoboda 2023).

**Welche Vorzüge bietet Focus Writing?**

- Gedanken können ungehindert fließen
- Es entsteht ein befreites Schreibgefühl, ohne Rücksicht auf Rechtschreibung, Grammatik und Vollständigkeit nehmen zu müssen
- Man ist erstaunt darüber, wie viel Text man in nur fünf Minuten verfassen kann
- Es stellt sich ein Gefühl von Leichtigkeit und sogar Freude ein
- Wesentliche Aspekte eines Themas werden herausgearbeitet
- Es wird gezielter zu einem Thema recherchiert (Swoboda 2023).

**Wie Sie vorgehen:**

1. Notieren Sie ein **Stichwort**, einen Begriff, eine Überschrift oder eine Frage. Dies dient als Fokus für die Schreibübung.

Zum Beispiel: *Agiles Projektmanagement, Nachhaltigkeit, Marketing, Nachhaltiges Bauen im Bestand, Webdesign in Zeiten von Social Media oder Wie generiere ich mehr Ideen für meine Entwürfe?*

2. **Schreiben Sie zu Ihrem Fokus**, beispielsweise dem Stichwort Nachhaltigkeit, fünf Minuten lang, ohne den Stift abzusetzen. Denken Sie nicht zu viel nach, sondern schreiben Sie einfach drauflos.

   *„Nachhaltigkeit bedeutet für mich…"*

3. Wenn Ihnen keine weiteren Gedanken kommen, schreiben Sie einfach „Blablabla" oder „mir fällt nichts mehr ein", bis Ihnen neue Ideen einfallen, die Sie festhalten können. Oder wiederholen Sie Ihren Fokus beispielsweise „Nachhaltigkeit bedeutet für mich…"

4. Auf diese Weise erstellen Sie schnell und gezielt viel Text. Sie erhalten einen guten Überblick über relevante Aspekte Ihres Themas und können Ihre Recherche präziser beginnen (Swoboda 2023).

## Literatur

Kruse O (2007) Keine Angst vor dem leeren Blatt: Ohne Schreibblockaden durchs Studium, 12. Aufl, S 26–259. Campus concret

Swoboda M (2023) Wissenschaftlich Schreiben leicht gemacht. Ein Leitfaden für Architektur- und Designstudiengänge. Springer Vieweg

# Ihren Text gekonnt finalisieren

**5**

## 5.1 Schreibgruppen und Schreibberatung

Eine weitere Möglichkeit, Unterstützung für Ihr Schreibprojekt zu erhalten, besteht darin, eine Schreibberatung und oder eine Schreibgruppe in Anspruch zu nehmen (Abb. 5.1). Viele Hochschulen und Universitäten verfügen über Schreibzentren, die Workshops zu verschiedenen Themen, Beratung durch Tutoren und Schreibgruppen anbieten. Der Vorteil dabei ist, dass das Schreibzentrum vor Ort stets über die aktuellen Formalitäten Ihrer Fakultät informiert ist und weiß, wo Sie diese Richtlinien finden können. Ich empfehle Ihnen nachdrücklich, an den angebotenen Workshops teilzunehmen. Dies ist eine äußerst lohnende Investition Ihrer Zeit. Vor Ort haben Sie die Möglichkeit, Fragen zu stellen und Feedback zu Ihrem Text zu erhalten. Besonders wertvoll sind die individuellen Sitzungen mit den Schreibtutoren. Und das Beste daran: All diese Serviceleistungen sind für eingeschriebene Studierende kostenlos. Geben Sie dem Schreibzentrum und den Tutoren eine Chance – damit geben Sie auch sich selbst eine Chance. Ihre wissenschaftliche Arbeit wird an Qualität gewinnen und Sie können mit einer besseren Note glänzen [1].

Sollten sie nicht auf die Angebote einer Hochschule oder Universität zugreifen können, gibt es auch private Schreibberater oder Schreibzentren wie zum Beispiel das „writers´studio Wien".

## 5.2 Ein Korrektorat oder Lektorat beauftragen

Es besteht die Möglichkeit, ein Korrektorat oder Lektorat für ihren Text zu nutzen. Es ist wichtig zu betonen, dass Korrektorat und Lektorat nicht mit Ghostwriting verwechselt werden dürfen. Beim Korrektorat werden Grammatikfehler und Rechtschreibung überprüft, während das Lektorat die Kohärenz und den roten Faden der Arbeit analysiert.

© Der/die Autor(en), exklusiv lizenziert an Springer Fachmedien Wiesbaden GmbH, ein Teil von Springer Nature 2025
M. Swoboda, *Einstieg ins Schreiben für Architekt:innen, Designer:innen und Ingenieur:innen*, https://doi.org/10.1007/978-3-658-46182-9_5

**Abb. 5.1**  BIld zum Thema
Schreiben, generiert mit
Musavir.ai

Es ist jedoch entscheidend zu betonen, dass niemand Ihre (wissenschaftliche) Arbeit für Sie schreiben wird. Eigenständiges Schreiben, Recherchieren, Forschen und Strukturieren sind unerlässlich. Beim Ghostwriting würde jemand anderes diese Aufgaben übernehmen. Korrektoratsdienste können mitunter kostspielig sein. Es empfiehlt sich daher, auf hochwertige Rechtschreibprogramme zurückzugreifen, die auch Grammatikfehler korrigieren können. Für die Überprüfung des roten Fadens und der Kohärenz der Arbeit können Sie eine Person auswählen, die Ihre Arbeit liest und Feedback gibt – etwa eine Kommilitonin, ein Freund oder ein Kollege. Darüber hinaus kann künstliche Intelligenz beim Recherchieren und Schreiben unterstützen. Es gibt Funktionen, die das Schreiben und Korrekturlesen erleichtern können. Mehr dazu im nächsten Kapitel [1].

## 5.3    Künstliche Intelligenz nutzen

„KI ist wahrscheinlich das Beste oder das Schlimmste, was der Menschheit passieren kann."
– *Stephen Hawking, Physiker*

Künstliche Intelligenz (KI) wird von Personen genutzt, um Texte oder Bilder zu erstellen. Dies kann über kostenlose Online-Tools, kostenpflichtige Dienste großer Anbieter oder durch den Einsatz von Plug-ins erfolgen. Gerade für Unternehmen, vor allem kleine und mittlere Unternehmen, stellt die generative KI – also Anwendungen zur Erzeugung neuer Inhalte, insbesondere von Texten und Bildern – eine vielversprechende Investition dar. Ziel ist es, die Produktivität zu steigern, gezielte Beiträge zu liefern und insgesamt bessere Ergebnisse zu erzielen. KI hat das Potenzial, viele Aufgaben im täglichen Geschäft zu vereinfachen, beispielsweise in den Bereichen Marketing, Recruiting und Social Media. Beispiele hierfür sind die schnelle Generierung umfangreicher Textpassagen durch Textgeneratoren, die Anpassung von Unternehmenspräsentationen im Corporate Design oder die Erstellung vollständiger Redaktionspläne mithilfe geschickt formulierter Vorgaben innerhalb weniger Sekunden. Der Abschied von langwieriger Ideenfindung und aufwendiger Bildbearbeitung ist gekommen – Willkommen Kollegin KI! Doch welche Auswirkungen hat dieser Wandel auf die Beschäftigten? [2].

Wer über Kenntnisse in der Nutzung von KI verfügt, hat im Berufsleben eindeutig einen Vorteil. Die Digitalisierung erfordert bereits seit geraumer Zeit einen Wandel in den Kompetenzen. Mit der schnellen Entwicklung im Bereich der KI müssen die Kompetenzprofile noch schneller angepasst werden. Die Auswirkungen auf den Arbeitsmarkt sind ungewiss. Einige sehen revolutionäre Potenziale voraus, während andere um ihren Arbeitsplatz besorgt sind. Wird die Kluft zwischen besser qualifizierten Arbeitnehmern und unterqualifizierten einfach weiter auseinandergehen? Denn um KI-Systeme zu steuern, sind entsprechende Qualifikationen erforderlich. Zu den Schlüsselqualifikationen bei der Nutzung generativer KI gehören der sorgfältige Umgang mit Daten sowie die Fähigkeit zur Zusammenarbeit und zum digitalen Lernen. Ebenso die Selbstkompetenz, also die Fähigkeit, sich in der Vielfalt der Informationen zurechtzufinden und dabei auch auf die eigenen Bedürfnisse zu achten. Zusammengefasst wird dies als „Digitale Kompetenz" bezeichnet. Darunter fällt die Fähigkeit, digitale Geräte und vernetzte Technologien sicher und angemessen zu nutzen, auf digitale Informationen zuzugreifen, diese zu verwalten, zu verstehen, zu integrieren, zu kommunizieren, zu bewerten und zu erstellen. Für die Zukunftsfähigkeit von Unternehmen stellt mangelndes Fachwissen und unzureichendes Verständnis für die Möglichkeiten von künstlicher Intelligenz seitens der Mitarbeiter ein Problem dar [2].

Wenn Sie generative KI verwenden, sollten Sie dies keinesfalls naiv tun. Mit dem AI Act der Europäischen Union, der am 13. März 2024 in Kraft getreten ist, werden regulative Herausforderungen im Zusammenhang mit der Nutzung generativer KI angesprochen. Es wird betont, dass urheberrechtlich geschützte Werke stets das Ergebnis menschlicher Kreativität sein müssen. Doch was geschieht, wenn KI mit geschütztem Material trainiert wird? Die Verantwortung für mögliche Urheberrechtsverletzungen liegt dann bei den Nutzern, wenn sie die Inhalte kommerziell nutzen möchten. Abseits der rechtlichen Perspektive stellen sich jedoch auch Fragen nach dem Wert dessen, was die KI produziert und ob man von einem Schöpfungsakt sprechen kann [3].

Die Philosophin Catrin Misselhorn betrachtet KI in diesem Kontext als Werkzeug und nicht als eigenständige Schöpferin. Sie argumentiert: „Es wäre unangebracht, künstlichen Systemen gegenüber reaktive Haltungen wie Anerkennung oder Kritik zu zeigen. Sie handeln funktional, aber ohne Verantwortung." [4].

Mein Rat ist es, die Nutzung von KI korrekt zu „rahmen". Das bedeutet, dass ein Text oder Bild nicht von, sondern mit KI erstellt wurde. Die Verantwortung für den Einsatz und die Gestaltung der Inhalte liegt weiterhin beim Menschen. Dies bietet die

Möglichkeit, Vorurteile und stereotype Darstellungen zu überdenken und auszuschließen. Das verwendete Material muss daher von Menschen auf seine Richtigkeit geprüft werden [2].

▶ **KI Podcasts**
Wer sich weiter in das Thema KI einhören möchte, kann dies mit folgenden Podcasts tun:

- **Der KI Podcast (ARD):** Welche Folgen hat Künstliche Intelligenz für die Arbeitswelt, Bildung und Gesellschaft? Wie können wir KI effektiv einsetzen? Im ARD-KI-Podcast diskutieren Gregor Schmalzried, Marie Kilg und Fritz Espenlaub die großen und kleinen Fragen der KI-Revolution. Sie beleuchten Themen wie die Bedeutung des AI Act für uns, die Möglichkeit von KI, mit Tieren zu kommunizieren, und die Rolle von KI in der Religion. Zudem teilen die Moderatoren ihre eigenen Erfahrungen mit KI-Tools und geben Einblicke in deren persönliche Nutzung von künstlicher Intelligenz [5].
- **KI Verstehen (Deutschlandfunk):** Im Podcast „KI verstehen" des Deutschlandfunks unterstützen Carina Schroeder, Moritz Metz, Piotr Heller und Ralf Krauter Sie dabei, ein tieferes Verständnis für die Hintergründe der Künstlichen Intelligenz zu erlangen. Das Konzept sieht vor, dass in jeder Episode einer der Moderatoren eine Frage im Zusammenhang mit KI im Alltag stellt, die dann gemeinsam diskutiert wird. Die Themenpalette ist vielfältig und umfasst unter anderem den Energieverbrauch von KI, KI und Barrierefreiheit sowie KI und Urheberrecht [5].
- **KI und jetzt?:** Der Podcast „KI – und jetzt?" präsentiert neue Blickwinkel auf das Thema Künstliche Intelligenz. Die ARD-Journalistin Nadia Kailouli und der DFKI-Forscher Aljoscha Burchardt, Mitglied des KI-Campus, führen auf humorvolle Weise Gespräche mit Gästen über KI. Jede Episode behandelt anhand eines konkreten Beispiels, wie KI uns optimal unterstützen kann. In der Rubrik „What the KI?!" werden die kuriosen oder unterhaltsamen Aspekte von KI-Anwendungen beleuchtet [5].

▶ **Kostenlose KI Online-Kurse**
Wer kostenlos sein Wissen über KI aufstocken möchte oder einfach nur neugierig ist kann dies auf dem Homepage des KI Campus tun. https://ki-campus.org/
 Hier finden sie einige kostenlose Online-Kurse sowie weiterführende Informationen.

**Liste von KI Schreibtools**

- Copy AI: https://www.copy.ai/
- Jasper: https://www.jasper.ai/
- WriteSonic: https://writesonic.com/

- ChatGPT: https://chat.openai.com/
- Headlime: https://headlime.com/
- PepperType: https://peppertype.ai/
- MarkCopy: https://www.markcopy.ai/
- Quillbot: https://quillbot.com/ • Rytr: https://rytr.me/
- MoonBeam: https://www.gomoonbeam.com/
- Simplified: https://simplified.com/ai-writer/
- Lex Page: https://lex.page/
- Copy Smith: https://copysmith.ai/
- Subtxt: https://subtxt.app/
- Ellie Email Assistant: https://tryellie.com/
- Wordtune: https://www.wordtune.com/◄

### Liste Design und Logo KI-Tools

- Looka
- Namecheap Logo Maker
- Make Logo AI
- Designs AI
- Brandmark◄

## Literatur

1. Swoboda M (2023) Wissenschaftlich Schreiben leicht gemacht. Ein Leitfaden für Architektur- und Designstudiengänge. Springer Vieweg
2. Hermani F (2024) KI Campus. Blog. Kollegin KI macht weiter Furore. https://ki-campus.org/blog/kollegin-ki. Zugegriffen: 26. Mai 2024
3. UNESCO (2018) Global framework of reference on digital literacy skills for indicator 4.4.2: percentage of youth/ adults who have achieved at least a minimum level of proficiency in digital literacy skill (Draft Report). UNESCO, Paris. ip51-global-framework-reference-digital-literacy-skills-2018-en.pdf (unesco.org)
4. Misselhorn C (2023) Künstliche Intelligenz – das Ende der Kunst? Reclam
5. Laux L (2024) KI zum Hören – 10 Lieblingspodcasts zu künstlicher Intelligenz. https://ki-campus.org/blog/ki-podcasts. Zugegriffen: 26. Mai 2024

# Nachwort

Zu schreiben mag für Architekten, Designer und Ingenieure neues Land sein. Jedoch ist es etwas, was erlernt werden kann. Mit Neugier und Entdeckergeist und etwas Mut finden sie schnell in die Welt des Schreibens. Bei mir war es genauso. Anfangs dachte ich nicht, dass mir Schreiben derart Freude bereitet und einen Großteil meiner Arbeit ausmachen wird. Das Leben belehrt uns oft eines anderen. Wie sie in diesem Buch sehen konnten ist Schreiben nicht nur klassisches Handwerk sondern kann durch künstliche Intelligenz unterstützt und angereichert werden. Hier in diesem Buch habe auch ich mir Unterstützung von KI geholt. Zitate wurden mit ChatGPT 3.5 paraphrasiert, englische Texte mit DeepL übersetzt und Bilder mit Mousavir.ai und neuroflash kreiert. Nutzen auch Sie die neuen Möglichkeiten der KI für sich und ihr Schreibprojekt gewinnbringend. Machen Sie sich keinen Stress da es wirklich viele Tools auf dem Markt gibt. Starten Sie mit einem der Tools und arbeiten Sie sich langsam vor. In diesem Sinne ein erfolgreiches Schreiben.